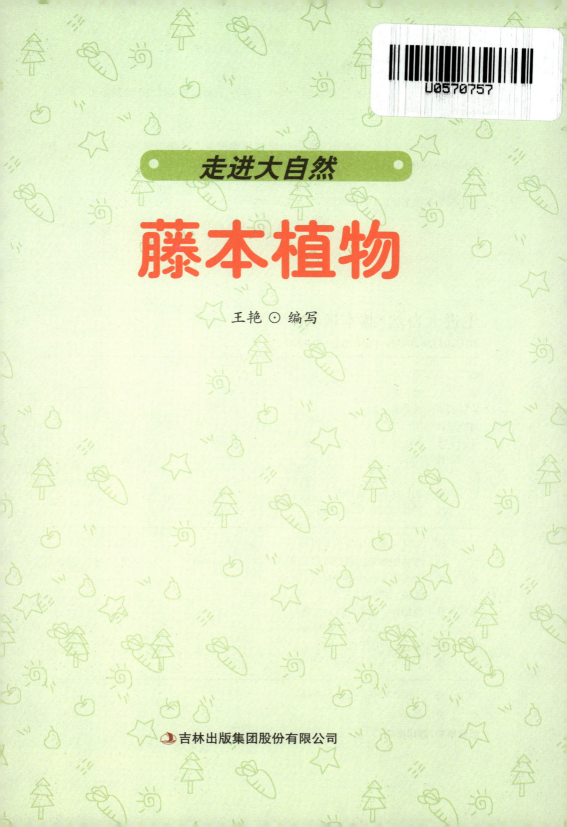

走进大自然

藤本植物

王艳 ⊙ 编写

吉林出版集团股份有限公司

图书在版编目（CIP）数据

走进大自然·藤本植物/王艳编写. —— 长春：吉林出版集团股份有限公司，2013.5
ISBN 978-7-5534-1608-3

Ⅰ．①走… Ⅱ．①王… Ⅲ．①自然科学－少儿读物②藤属－少儿读物 Ⅳ．①N49②Q949.71-49

中国版本图书馆CIP数据核字(2013)第062668号

走进大自然·藤本植物
ZOUJIN DAZIRAN TENGBEN ZHIWU

编　写　王　艳
策　划　刘　野
责任编辑　李婷婷
封面设计　贝　尔
开　本　680mm×940mm　1/16
字　数　100千
印　张　8
版　次　2013年7月　第1版
印　次　2018年5月　第4次印刷

出　版　吉林出版集团股份有限公司
发　行　吉林出版集团股份有限公司
地　址　长春市人民大街4646号
　　　　邮编：130021
电　话　总编办：0431-88029858
　　　　发行科：0431-88029836
邮　箱　SXWH00110@163.com
印　刷　湖北金海印务有限公司

书　号　ISBN 978-7-5534-1608-3
定　价　25.80元

目 录

Contents

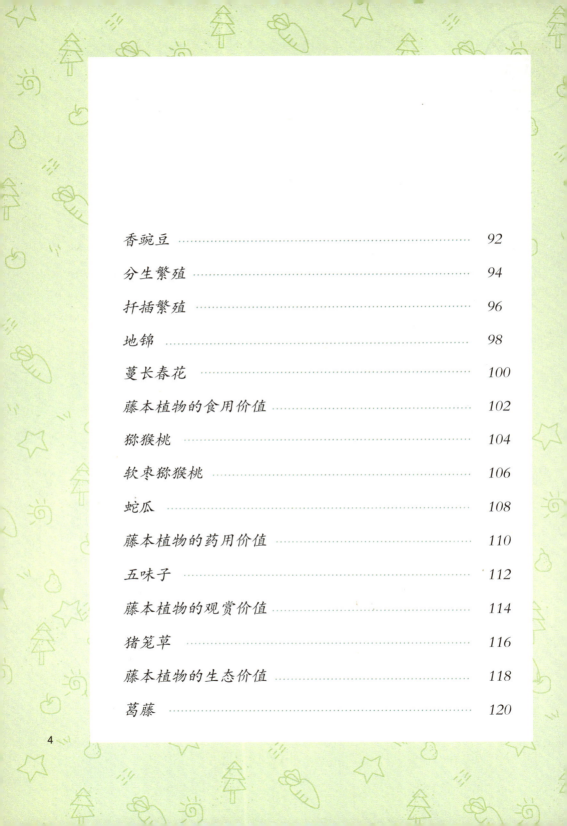

藤本植物

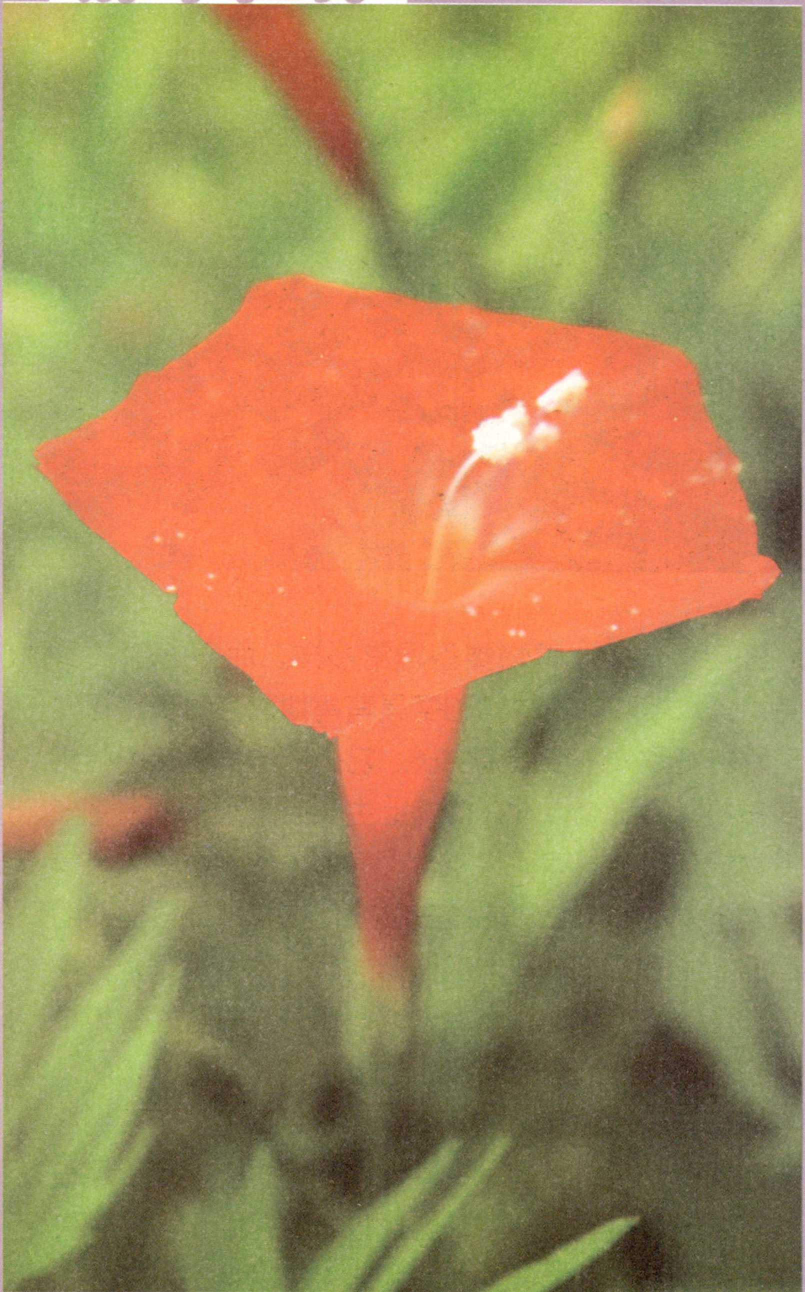

TENGBENZHIWU

藤本植物的定义

藤本植物

　　在自然界中，植物类型异常多样，而茎的生长习性也各有特点。大多数木本植物的茎具有背地直立生长的习性，而有些植物的茎柔软不能直立生长。它们以自身特有的结构或借茎本身攀援、缠绕或吸附在他物上生长或匍匐、垂吊生长，这样的植物统称为"藤本植物"，又称为"攀援植物"。藤木植物是一类不能单独直立，通过主茎缠绕或攀援器官借助他物攀援升高的、生活型十分特殊的植物类群。藤本植物是一类生活型十分特殊的类群，是构成热带、亚热带森林群落的重要组成部分，在森林生态系统的结构和功能中具有重要的作用。我国拥有1000多种可栽培利用的藤本植物。藤本植物用于城市绿化除具有其他植物所具有的净化空气、保护水土、遮阴覆盖、调节气候等生态功能外，还具有占地少、覆盖面积大、易繁殖、可塑性强等优点。

缠绕生长

缠绕生长是指藤本植物依靠茎缠绕支撑物呈螺旋状向上生长的方式，分为左旋和右旋两类。左旋是指顺时针缠绕，例如牵牛花；右旋是指逆时针缠绕，例如啤酒花。

攀靠生长

攀靠生长是指藤本植物依靠卷须和叶柄卷攀支撑物向上生长的方式。葡萄属植物的卷须由茎变态而形成，香豌豆等植物的卷须由叶变态而形成。

吸附生长

吸附生长是指藤本植物依靠吸盘和吸附性气生根吸附支撑物向上生长的方式。爬山虎等植物依靠吸盘向上生长，常春藤等植物依靠吸附性气生根向上生长。

缠绕生长

藤本植物的分类

金灯藤

　　藤本植物按茎的质地可分为木质藤本（如葡萄、紫藤、猕猴桃、忍冬、木通等）与草质藤本（如牵牛花、茑萝、长豇豆等）两大类。

　　按植物的攀援习性可分为：（1）缠绕类，茎缠绕支撑物呈螺旋状向上生长。顺时针缠绕的（左旋性）有牵牛花等，逆时针缠绕的（右旋性）有啤酒花等。（2）吸附类，枝蔓借助于黏性吸盘（如爬山虎、络石）或吸附根（如常春藤属、薜荔、凌霄、扶芳藤）而稳定于他物表面，支持植株向上生长。（3）卷须类或叶攀类，借助卷须、叶柄等卷攀他物而使植株向上生长，如菝葜属、葡萄属、蛇葡萄属植物。卷须多由腋生茎、叶生根或气生根变态而成，长而卷曲，单条或分叉。（4）攀靠类，植株借助于藤蔓上的钩刺攀附，或以蔓条架靠他物而向上生长，如蔓胡颓子、野蔷薇、金樱子、云实、枸杞、探春花等。

木　通

　　木通，为落叶缠绕灌木，属于木通科木通属，掌状复叶，具小叶片5枚，又称为"五叶木通"，叶倒卵形或椭圆形，全缘。同属的重要植物还有三叶木通。这两种植物的茎都可入药。

薛　荔

　　薛荔，又名凉粉果、木莲，为常绿攀援灌木，属于桑科榕属。花非常小，隐生于花序托内；果实为隐花果，成熟后，果皮裂开，种子自行散出。茎和叶可入药，具有祛风除湿、活血通络的功效。

野蔷薇

　　野蔷薇，又名多花蔷薇，为落叶攀援灌木，高达2～3米，属于蔷薇科蔷薇属。聚伞花序圆锥状由多朵花簇生而成。野蔷薇分为单瓣和重瓣两大类，花色有白、粉、深红等，具有芳香味。

地锦

葡 萄

葡萄

　　葡萄，属于葡萄科葡萄属，为落叶木质藤本，原产于欧洲、西亚和北非一带，是世界上最古老的植物之一，相传在汉代葡萄由张骞从西域带入我国。全世界约有上千种葡萄，总体上可以分为酿酒葡萄和食用葡萄两大类，世界栽培品系有欧洲品系和美洲品系两大系统。葡萄的果实含有丰富的葡萄糖、有机酸、氨基酸、维生素，具有补气益血、滋阴生津、强筋健骨、通利小便等功效，可用于治疗气血虚弱、肺虚久咳、肝肾阴虚、心悸盗汗、腰腿酸痛、筋骨无力、风湿痹痛、面肢水肿、小便不利等病症。葡萄的根、藤、叶等也可入药，具有利尿、消肿、安胎的作用，可治疗妊娠呕吐、浮肿等病症。

　　葡萄茎蔓长达10～20米，树皮长片状剥落，幼枝光滑。

单叶互生，近圆形，长7～15厘米，宽6～14厘米，3～5裂，基部心形，两侧靠拢，边缘粗齿。花序为圆锥花序，花小，呈黄绿色。果实为浆果，圆形或椭圆形，因品种不同，有白、青、红、褐、紫、黑等不同果色。果熟期8～10月。

葡萄汁

葡萄汁是用葡萄的果肉压榨而成，加糖后可以直接饮用，发酵后能够制成葡萄酒、白兰地和威士忌。葡萄汁如果需要保存一定时间，在保存前需要加热杀菌，然后密封保存。

葡萄干

葡萄干是用葡萄的果实加工而成，加工最常用的方法是阴干。葡萄干保存了葡萄果实的大部分营养成分，果糖的含量较高，含水量较低，可以保存较长的时间，可以直接食用，也可以添加到糕点中。

葡萄酒

葡萄酒是用新鲜的葡萄果实或葡萄汁加工而成，酒精度在8.5度至16.2度之间，分为红葡萄酒和白葡萄酒两种。红葡萄酒分为干红、半干红、半甜红和甜红，白葡萄酒分为干白、半干白、半甜白和甜白。

葡萄

茑萝

　　茑萝，又名游龙草、密萝松、五角星花、狮子草，属于旋花科茑萝属，为一年生草质藤本，原产墨西哥。花冠深红鲜艳，花开时就像一颗颗闪闪的五角红星，点缀在绿色的羽绒毯上，熠熠放光，晨开而午后即蔫萎，红白交相辉映，尤足逗人玩味。

　　茑萝的蔓生茎细长光滑，长可达4～5米，柔软。单叶互生，叶的裂片细长如丝。花从叶腋下生出，花梗较长，上着数朵五角星状小花，花呈深红色。花期7～9月。同属植物还有圆叶茑萝、掌叶茑萝、裂叶茑萝。圆叶茑萝，为草质缠绕藤本，属于旋花科茑萝属，长1～3米，茎细，叶心形，全缘，先端尖。花冠高脚碟状，红色至橘红色，雄蕊和花柱突出于花冠管外。植株适合制作花篱和花墙。掌叶茑萝，又名槭叶茑萝、大花茑萝，为草质缠绕藤本，属于旋花科茑萝属，叶掌状分裂，

宽卵圆形。植株缠绕性好，生长迅速，适合制作花篱和花墙。裂叶茑萝，又名鱼花茑萝，为草质缠绕藤本，属于旋花科茑萝属，叶心脏形，花较多，初开时呈深红色，后变成黄色。植株适合制作花篱和花墙。

叶　　柄

茑萝

　　叶柄通常位于叶片的基部，一端连着叶片，另一端连着茎，是叶片和茎之间物质运输的通道。荷花等植物的叶柄位于叶片的中央，称为"盾状着生"。叶柄具有支撑叶片，调节叶片空间分布等作用。

叶　　基

　　叶基是指叶片的基部，直接或通过叶柄间接与茎相连。叶基的主要类型有心形、耳垂形、箭形、楔形、戟形、圆形、肾形、盾形、渐狭、下延、圆钝、截形等类型。

叶　　脉

　　贯穿在叶肉内的维管束称为"叶脉"，具有运输养分和水分的作用，按粗细分为主脉、侧脉和细脉；按排列方式分为平行脉、弧形脉、网状脉和叉状脉。在叶片表面可以见到脉纹。

藤本植物与水

南蛇藤

　　水是植物体的重要组成成分，植物体一般含60％～80％的水分。水是很多物质的溶剂，土壤中所含的矿物质、氧、二氧化碳等都必须先溶于水后，才能被植物吸收和在体内运转。水能使植物器官保持挺立状态，以利于各种代谢的正常进行。水是光合作用制造有机物质的原料，还作为反应物质参加植物体内多种化学反应，如淀粉、蛋白质、脂肪的水解过程。更重要的是水还是原生质的组成成分，没有水，植物的生命就停止了。各种植物由于长期生活在不同的水条件下，形成了不同的生态习性和类型。在根吸收水和叶蒸腾水之间保持适当的平衡是保证植物正常生活所必需的，要维持水分平衡就必须增加根的吸水能力和减少叶片的水分蒸腾。陆生植物通常分为旱生植物、中生植物和湿生植物三类。旱生植物能忍受较长时间的干旱，具有较强的抗旱能力，主要分布在干热的草原和荒漠地区。湿生植物生长在潮湿的环境中，不能忍受较长时间的水分不足，抗旱能力较差。中生植物生长在水湿条件适中的环境中，其形态结构和适应性多介于湿生植物和旱生植物之间。

矿 物 质

矿物质，又称为"无机盐"，是人体必需的元素。人体不能合成无机盐，需要通过摄入食物来补充。人体需要的矿物质包括钙、磷、钾、钠、氯等大量元素，钙、磷、镁、锰、铜、锌、铁、钴、钼、硒、碘、铬等微量元素。

水 解

水解是指水与另外一种化合物反应，得到两种或两种以上新化合物的反应过程。在碱性水溶液中，脂肪能分解成甘油和固体脂肪酸盐，也就是我们常用的肥皂，这种反应被称为"皂化反应"，是水解反应的一种。

有机化合物

有机化合物是生命产生的物质基础，主要含有碳元素、氢元素，有些有机化合物还含有氧元素、氮元素、硫元素和磷元素等。脂肪、氨基酸、蛋白质、糖类物质、叶绿素、酶类物质等都属于有机化合物。

刺苞南蛇藤

11

藤本植物与阳光

刺苞南蛇藤

　　阳光是有机物质合成过程中最重要的因素，地球上所有生命都由太阳辐射来提供能量，太阳光能是地球上一切生物能量的源泉。绿色植物吸收太阳光能合成有机物质，供给生态系统中其他生物作为食物来消耗。因此，光合作用使几乎所有活的有机体与太阳光能之间发生了联系。

　　根据植物与光照强度的关系，可以把植物分为阳性植物、阴性植物和耐阴植物三类。阳性植物在强光环境中生长健壮，在荫蔽和弱光条件下生长发育不良，一般寿命较短。阴性植物在较弱的光照条件下比在强光下生长良好。耐阴植物对阳光的耐受性介于阳性植物与阴性植物之间，在全日照下生长良好，但也能忍耐适度的荫蔽等。

　　根据植物开花过程中对日照长度反应的不同，可以将植物分为长日照植物、短日照植物和中间型植物三类。长日照植物在生长过程中，需要有一段时期，每天光照必须长于一定时数才能形成花芽，光照时间越长，则开花越早，如莳萝等。短日照植物在生长过程中，需要有一段时间，每天光照必须短于一定时数才能成花，而且在一定范围内，暗期越长，开花越早，如牵牛花等。中间型植物对光照长度没有严格的要求，只要其他条件适合，在不同日照长度下都能开花，如黄瓜、四季豆等。

太阳辐射

太阳辐射是指太阳向宇宙空间发射的电磁波和粒子流。地球所接受到的太阳辐射能是地球生物生命活动和地球大气运动的主要能量来源，这部分辐射能量仅占太阳向宇宙空间放射的总辐射能量的二十亿分之一。

光合作用

光合作用是指绿色植物依靠阳光，在光合色素的参与下，将二氧化碳和水转化成有机物，同时释放氧气，贮存能量的过程。光合作用对调节地球上的氧气和二氧化碳的比例具有重要意义。

生态系统

生态系统是指生物群落与无机环境相互作用而构成的自然系统，包括生产者、消费者和分解者。维持生态系统的平衡，对人类以及其他生物的生存具有重要意义。

东北雷公藤

13

牵 牛 花

牵牛花，属于旋花科牵牛属，为草质藤本植物。花为喇叭状，又称为"喇叭花"。在我国民间，牵牛花常栽植于庭院的篱栅边，是极具观赏价值的植物。果实可以入药，具泻水利尿等功效，可以用于治疗水肿腹胀、大小便不利等症，但有微毒，服用时需要遵医嘱。

牵牛花的蔓生茎细长，长3～4米，全株多密被白色短刚毛。叶互生，宽卵形或近圆形，全缘或叶子三裂，先端裂片长

圆形或卵圆形，侧裂片较短，三角形，被柔毛。聚伞花序腋生，1～3朵；花冠漏斗状，花的颜色有白、蓝、绯红、桃红、紫等，也有复色的，花瓣边缘的变化较多；子房3室，柱头头状。蒴果球形，成熟后胞背开裂。种子粒大，卵状三棱形，呈黑色或黄白色，被褐色短绒毛，寿命很长。花期6～10月，大都朝开午谢。

牵牛花有60多种，常见的栽培品种有裂叶牵牛、大花牵牛、圆叶牵牛等。

月 光 花

月光花，为一年生缠绕草本，原产于热带地区。叶心形，全缘；花大，在夜间开放，呈白色，与月光交相辉映，因此得名。嫩叶、花萼和花瓣可以食用。

番 薯

番薯，又名红薯、地瓜、红苕、甘薯，为多年生草本，常作一年生栽培，属于旋花科番薯属。蔓细长，茎匍匐生长于地面；块根外皮呈红色，肉质，肉呈黄白色，可以食用，也可以制糖和酿酒。

打 碗 花

打碗花，又名小旋花、面根藤，为多年生草质藤本，属于旋花科打碗花属。茎长0.5～2米，匍匐或攀援；花与牵牛花相似。嫩茎和嫩叶可以食用，花和根可以入药。

打碗花

藤本植物与温度

棉麻藤

　　植物的生活环境都具有一定的温度，植物时刻受着温度变化的影响。在地球表面，温度的变化很大：在空间上，温度随海拔的升高或纬度的北移而降低；在时间上，一年有四季变化，一天有昼夜变化。温度的这些变化都对植物的生长发育具有明显的作用和影响。在植物生活所需要的温度范围内，不同的温度对植物生命活动所产生的作用是不同的。通常植物在0℃～35℃的范围内，温度上升则生长加速，温度降低则生长缓慢。植物不但需要一定的温度才能开始生长发育，还需要有一定的温度总量才能完成其生活周期。大多数植物在春季温度开始升高时发芽、生长，继而出现花蕾；夏秋季高温下开花，结实和果实成熟；秋末低温条件下落叶，随即进入休眠。根据植物与温度的关系，植物从分布的角度上可分为广温植物和窄温植物两种类型。广温植物是指能在较宽的温度范围内生活的植物。窄温植物是指只生活在很窄的温度范围内，不能适应温度较大变动的植物。

四季的形成

四季是由地球绕太阳公转而形成的。地球的公转轨道是椭圆形的，公转轨道与自转轨道存在一个夹角。地球处在公转轨道的不同位置，接受的太阳辐射能不一样，形成了温度不同的四季。

四季的划分

四个季节是以温度来划分的。在北半球，每年的3～5月为春季，6～8月为夏季，9～11月为秋季，12～2月为冬季。在南半球，各个季节的时间刚好与北半球相反。

四季递变

四季的温度具有周期性变化，四季昼夜的长短和太阳高度也具有周期性变化。昼夜长短和正午太阳高度的改变，决定了温度的变化。北半球由暖变冷，南半球由冷变热。

打碗花

甜　瓜

甜瓜

　　甜瓜，又名甘瓜、香瓜，属于葫芦科甜瓜属，为一年生草质藤本，由于其清香袭人而得名，是夏令消暑的水果。果实含有丰富的糖、淀粉，还有少量蛋白质、矿物质及维生素。甜瓜以鲜食为主，也可制作果干、果脯、果汁、果酱及腌渍品等。多食甜瓜，有利于人体心脏、肝脏、肠道系统的活动，能够促进内分泌和造血机能。中医认为甜瓜具有消暑热、解烦渴、利小便的功效。按植株的生态学特性，甜瓜可分为厚皮甜瓜与薄皮甜瓜两种。

　　甜瓜的根系发达，主根深达1米以上，侧根分布直径为2～3米，但根的再生力弱，不宜移植；茎圆形，有棱，被短刺毛，分枝性强。单叶互生，叶片近圆形或肾形，被毛。花腋生，单性或两性，虫媒花，呈黄色。果实有圆球、椭圆球、纺锤、长筒等形状，成熟的果皮呈白色、绿色、黄色、褐色，或附有各色条纹和斑点，果实表面光滑或具网纹、裂纹、棱沟，果肉呈白色、橘红色、绿黄色等，具香气。种子披针形或扁圆形，大小各异。

甜瓜的药用价值

甜瓜的根、茎、叶、花、果、果蒂、果皮、种子均可供药用，全草具有解毒消肿的功效，可以用于治疗脏毒滞热；果肉具有清热利尿、止渴等功效，可以用于治疗暑热、发烧、中暑、口渴等症；种子具有散结消瘀、清肺化淤、润肠、排脓等功效。

网纹甜瓜

网纹甜瓜，又称为"哈密瓜"，是甜瓜的一个变种，被誉为"瓜中之王"，为一年生缠绕草本，属于葫芦科甜瓜属，果肉呈白色、绿色或橘黄色，含有丰富的营养物质，还具有较高的药用价值，主要有早熟和晚熟两类。

香　　瓜

香瓜，又名甜瓜，为一年生缠绕草本，属于瓜科甜瓜属，果实由5枚心皮组成，果肉呈白色，含有大量的糖类物质，非常甜，具有清香的味道。香瓜具有消暑、解渴、利尿等功效。

藤本植物与土壤

　　土壤是植物生长发育的基础，为植物生长发育提供所必需的矿质元素和水分。通常大区域的主要植被类型多由气候条件所决定，而区域内群落的分布则多取决于土壤性质。土壤的物理性质包括质地、结构、通气性、含水率和温度。土壤质地是指土壤矿物质大小颗粒的组成比例。土壤根据质地可以分为砂土、壤土和黏土三类。壤土的质地较均匀，通气性和透水性较适宜植物生长。

　　土壤中的化学性质对植物群落具有重要的生态意义。根据植物对土壤矿质盐类的关系，可把植物划分为酸性植物、中性植物和碱性植物。酸性植物指只能生长在酸性或强酸性土壤上的植物。大多数植物和农作物适宜在中性土壤上生长，称为"中性植物"，但某些种类也略能耐酸或耐碱。

刺苞南蛇藤

砂　　土

砂土是指颗粒组成中砂粒含量较高的土壤，砂粒含量可达85%～100%，保水和保肥的能力较差，通气和透水的性能较好，土壤温度变化较大，易于耕种。

壤　　土

壤土是指颗粒组成中黏粒、粉粒、砂粒含量适中的土壤，含砂粒较多的壤土称为"砂质壤土"，含黏粒较多的壤土称为"黏质壤土"。壤土通气、透水、保水、保温的性能均较好，适合栽培各种作物。

南蛇藤

黏　　土

黏土是指颗粒组成中黏粒含量较高，砂粒含量较少的土壤。黏土颗粒细小，水分不容易渗透，被水湿润后具有较强的可塑性。

豇 豆

豇豆，又名角豆、姜豆、带豆，属于豆科豇豆属，为一年生草本，原产于亚洲东南部，我国自古就有栽培，具有健脾利湿、清热解毒等功效。嫩豆荚肉质肥厚，炒食脆嫩，也可烫后凉拌或腌泡，种子可作豆沙和糕点馅料等。豇豆分为长豇豆和饭豇两类，按茎的类型分为矮性、半蔓性和蔓性三类。

豇豆的根系发达，根上生有粉红色根瘤。叶为三出复叶，顶生小叶菱状卵形，长5～13厘米，宽4～7厘米，顶端急尖，基部近圆形或宽楔形，两面无毛，侧生小叶斜卵形；托叶卵形，长约1厘米，着生处下延成一个短距。自叶腋抽生20～25厘米长的花梗，先端着生2～4朵花，呈淡紫色或黄色，总状花序腋生；花萼钟状，无毛；花冠呈淡紫色，长约2厘米；花柱上部里面有淡黄色须毛。荚果线形，下垂，长可达40厘米；一般只结两荚，荚果细长，因品种而异，长30～70厘米，呈深绿色、淡绿色、红紫色等；每荚含种子16～22粒。种子肾

豇豆

脏形，呈红色、黑色、红褐色、红白色和黑白双色等。花果期6～9月。

氮

植物体内的含氮化合物主要以蛋白质形态存在，蛋白质中氮含量占16%～18%。氮是核酸的组成成分，也通过酶间接影响植物体内的各种代谢过程，还参与叶绿素的组成。生长素和细胞分裂素等植物激素也是含氮化合物。

鸡 血 藤

鸡血藤为攀援乔木或灌木，属于蝶形花科鸡血藤属。茎被切断后，会有鲜红色的液体流出，这种液体与鸡血相似；花冠呈白色、紫色或红色，总状或圆锥状花序悬垂于空中，具有较高的观赏价值。

蚕 豆

蚕豆，又名胡豆、川豆、倭豆、罗汉豆，属于豆科野豌豆属，为一二年生草本。果实为荚果，种子含有多种氨基酸，碳水化合物含量较高，是重要的粮食和蔬菜作物，也是重要的蜜源植物。

蚕豆

藤本植物与空气

　　空气是多种气体的混合气体，主要由氮、氧、氩和二氧化碳组成。空气中还有一些不固定的成分，如氨、二氧化硫、水汽、烟尘和微生物等。在空气的气体成分中，以二氧化碳与植物的关系最密切，它是光合作用的主要原料。在全日照条件下，增加二氧化碳浓度可以提高植物光合作用的强度。植物的呼吸作用也需要空气中的氧，土壤中氧的含量直接关系到土壤的性能和植物根系的生长。空气中的氮必须经过一定的转化，才能被绿色植物利用。空气中的某些有毒成分，对植物也有影响。

　　风是空气的水平流动。它对植物有着非常重要的生态意义。风可以改变环境温度，还可以增强蒸发，对植物既有益

　棉麻藤

又有害。风能使大气中的二氧化碳分布均匀，还有助于花粉传播。许多植物的种子或果实体积极微小，可随风传播。但强烈的风能使植物受害，迎风嫩芽和幼枝经常枯死。

呼吸作用

呼吸作用是指生物细胞在酶的催化作用下，将糖类物质、脂类物质和蛋白质等氧化分解，生成二氧化碳和其他产物，并释放能量的过程，分为有氧呼吸和无氧

棉麻藤

呼吸两种。动物和植物都需要进行呼吸作用。

有氧呼吸

有氧呼吸是指生物细胞在有氧的环境中，在酶的催化作用下，将糖类物质、脂类物质和蛋白质等氧化分解，生成二氧化碳和水，并释放出大量能量的过程，是生物呼吸作用的主要形式。

无氧呼吸

无氧呼吸是指生物细胞在无氧的环境中，在酶的催化作用下，将糖类物质等氧化分解，生成二氧化碳和乙醇（或乳酸），并释放出少量能量的过程。

植物的根

　　植物的根一般在地下生长，是植物的营养器官。根将植物的地上部分固着在土壤中，同时支持植物的地上部分。根能够从土壤中吸水和溶于水的养料，同时还能够贮藏养料。由叶制造的有机物质通过茎送至根部，由根的微管组织输送到根的各部分，维持植物的生长。许多植物的根与土壤中的微生物建立了共生关系，在植物体上形成了菌根或根瘤，如玉米、马铃薯等。

　　根一般分为主根、侧根和不定根。当种子萌发时，胚根发育成幼根突破种皮，与地面垂直向下生长，称为"主根"。当主根生长到一定程度，从其内部生出许多直根，称为"侧根"。除了主根和侧根外，在茎、叶或老根上生出的根，称为"不定根"。

藤本植物

根瘤菌

营养器官

　　植物的营养器官包括根、茎和叶。根具有吸收、运输、固定和贮藏的功能；茎具有支持和运输的功能；叶含有叶绿素，是植物进行光合作用的重要场所。

维管系统

　　维管系统是植物体内所有维管组织的统称，具有运输和分配水分、矿物质和有机物质的功能，分为初生维管系统和次生维管系统两部分。蕨类植物、裸子植物与被子植物统称为"维管植物"。

土壤微生物

　　土壤微生物是指生活在土壤中的细菌、真菌、放线菌和藻类植物等，其中以细菌的数量居多。土壤微生物一般非常小，参与土壤中的氧化、硝化、氨化、固氮和硫化等过程。

叶是植物的营养器官

变态根

槲寄生

植物为了适应不同的生活环境，根的功能有所变化，根的形态结构也相应地发生了变化。

气生根。有些植物的茎能长出不定根，暴露于空气中，称为"气生根"。气生根除了能够吸收空气中的水分之外，还能攀援在其他的物体上，如番茄等。

附生根。有些植物的主根柔弱，必须从茎节上长出不定根攀附在其他的物体上，称为"附生根"，如常春藤、络石等。

贮藏根。贮藏根的外形肥大，有时又称为"块根"或"球根"。贮藏根内含丰富的养料和水分，以便在不良季节被植物利用，如白芷、黄芪、何首乌、三七等。

呼吸根。生长在沼泽或近海地带的植物，由于不能从土壤中获得充足的氧气，支根暴露出泥沼表面，以协助植物体进行呼吸，称为"呼吸根"。

寄生根。某些植物能寄生在其他植物体上，并能以根部吸收寄主的营养物质，如槲寄生、菟丝子、桑寄生等。

三　七

三七，又名田七，为多年生草本，属于五加科人参属。掌状复叶由3～7枚小叶组成，播种后3～7年可以采挖，因此得名。三七是我国传统的中药材，是云南白药的主要成分，被李时珍称为"金不换"。

何　首　乌

何首乌，又名紫乌藤、交藤，为多年生缠绕藤本，属于蓼科何首乌属。植株长2～4米，具有肥大的块根。块根、茎和叶均可入药，具有润肠、通便、补血、乌发、强筋骨的功效。

菟　丝　子

菟丝子为一年生草本，属于旋花科菟丝子属，是典型的全寄生植物，攀附其他植物，吸取寄主的养分养活自己。茎丝线状，叶退化成鳞片。植株全株可入药，具有补肾益精、养肝明目的功效。

菟丝子

常春藤

常春藤

常春藤，又名土鼓藤、钻天风、三角风、爬墙虎、散骨风、枫荷梨藤、洋常春藤，属于五加科常春藤属，为常绿攀援藤本，原产于我国，可以净化室内空气、吸收由家具或装修散发出的苯、甲醛等有害气体，是一种颇为流行的室内大型盆栽花木。常春藤的叶色和叶形变化多端，四季常青，可以用作棚架或墙壁的垂直绿化，也是切花的配置材料。全株入药，具有祛风利湿、活血消肿、平肝、解毒等功效，可用于治疗风湿关节痛、腰痛、跌打损伤、肝炎、头晕、痈疽肿毒、荨麻疹、湿疹等症。

常春藤茎长可达20米，其上具有附生气生根，幼枝被鳞片状柔毛，蔓梢部分呈螺旋状生长，能攀援在其他物体上。叶互生，2裂，革质，呈深绿色，具长柄；营养枝上的叶三角状卵形或近戟形，长5~10厘米，宽3~8厘米，先端渐尖，基部楔形，全缘或3浅裂；花枝上的叶椭圆状卵形或椭圆状披针形，长5～12厘米，宽1～8厘米，先端长尖，基部楔形，全缘。伞形花序单生或2～7个着生于枝条的顶端；花小，呈黄白色或绿白色；子房下位，花柱合生成柱状。果实圆球形，浆果状，呈黄色或红色。花期5～8月，果期9～11月。

植株喜欢温暖、荫蔽的环境，忌阳光直射，但喜光线充足，较耐寒，抗性强。

中华常春藤

中华常春藤为多年生常绿攀援藤本，茎长达20米，属于五加科常春藤属。幼枝呈淡青色，老枝呈灰白色，具气生根，花呈淡绿色，核果呈橘黄色，适合栽于支撑物前，让植株的枝和叶自然下垂。

常春藤

银边常春藤

银边常春藤为多年生常绿攀援灌木，属于五加科常春藤属。叶为单叶，叶柄细长，具气生根，伞形花序单生，叶边缘具白色条纹。

瑞典常春藤

瑞典常春藤为多年生常绿灌木，属于唇形科香茶菜属。叶有光泽，叶面呈黄绿色，叶脉带紫色，叶背呈紫色，茎方形，花呈白色，适合做盆栽和吊盆观赏。

白 蔹

白蔹

　　白蔹，又名白根、昆仑、鹅抱蛋、白水罐、山地瓜、母鸡带仔、山栗子、野红薯，属于葡萄科蛇葡萄属，为多年生木质藤本。块根入药，具有清热解毒、散结止痛等功效，可以用于治疗疮疡肿毒、烫伤、湿疮、惊痫、血痢、肠风、痔漏、白带、跌打损伤、外伤出血。

　　白蔹的块根粗壮，肉质，卵形、长圆形或长纺锤形，呈深棕褐色，生长旺盛时露出土面部分的表皮有片状剥落，数个相聚；茎长约1米，多分枝，幼枝带淡紫色，光滑，有细条纹；卷须与叶对生。掌状复叶互生，叶柄长3～5厘米，呈淡紫色，光滑或略具细毛；叶长6～10厘米，宽7～12厘米；小叶3～5片，羽状分裂或羽状缺刻，裂片卵形至椭圆状卵形或卵状披针形，先端渐尖，基部楔形，边缘有深锯齿或缺刻，中间裂片最长，两侧的较小，中轴有阔翅，裂片基部有关节，两面无毛。聚伞花序小，与叶对生；花序梗长3～8厘米，细长，常缠绕；

花小，呈黄绿色；花萼5浅裂；花瓣和雄蕊各5枚；花盘边缘稍分裂。浆果球形，成熟时呈白色或蓝色，有针孔状凹点。花期5～6月，果期9～10月。

白　　芨

　　白芨，又名朱兰、紫兰、白给，为多年生草本，属于兰科白芨属。叶4～5枚，中央抽出花葶，总状花序由数枚小花组成，花呈紫色或淡红色，雌蕊与花柱合生成合蕊柱，具根状茎，可入药，具有生肌止痛的功效。

白　　芷

　　白芷，为多年生草本，属于伞形科当归属，同属植物包括兴安白芷、川白芷、杭白芷、云南牛防风等，根可入药，具有祛风散寒、通窍止痛、消肿排脓的功效。

白　菊　花

　　白菊花，又名甘菊，为多年生草本植物，属于菊科菊属。花序扁球形，舌状花呈白色或黄色，具有特殊的清香。花瓣阴干后，可以和茶叶一起冲泡，具有清心明目、健脾和胃、生津润喉的功效。

白鼓

茎的作用

　　茎是植物的地上部分，茎上着生叶、花和果实。茎的主要
功能是输导和支持。茎能将根从土壤中吸收的水分和无机盐通
过木质部运输到地上各部分，同时又能将叶光合作用制造的有
机养料通过韧皮部运送到根及植物体的各个器官。茎向上承载
着叶，向下与根系相连，其内的微管组织使二者联系到一起。
茎有支持叶、花和果实的功能，将它们合理地安排在一定的空
间里，有利于光合作用、开花和传粉的进行，以及果实和种子
的成熟和散布。茎还有贮藏和繁殖的功能，在茎的薄壁组织
中，贮藏有大量的营养物质。有些植物可以利用茎进行繁殖，
如马铃薯、荸荠、洋葱等的变态茎。不少植物的茎可以形成不
定根和不定芽，具有营养繁殖的作用。草莓的茎上可以长出不
定根，从而进行繁殖。牵牛花、黄瓜和葡萄等植物的茎细长而

藤本植物的老茎

柔软，可以缠绕支撑物向上生长。茎的外部形态多种多样，如三棱形、四棱形，但大多数植物的茎呈圆柱形。

不 定 根

不定根是指植物的茎或叶上发生的根，没有固定的生长部位，能够扩大植物根系的表面积，扩大植物吸收面积，增强固着植物的能力。植物在营养繁殖时，会发出大量的不定根。

不 定 芽

不定芽是指从植物的叶、根、茎节间和愈伤组织上产生的芽。某些植物在伤口

藤本植物的老茎

的附近也能产生不定芽。蕨、碎米荠、柳穿鱼、柳树等植物都能够产生不定芽。

营养繁殖

营养繁殖是植物由根、茎、叶等营养器官形成新个体的繁殖方式，包括压条、扦插、嫁接、组培等。这种繁殖方法适合应用于用种子繁殖困难的植物，能够保持亲代的优良性状。

黄　瓜

黄瓜

　　黄瓜，又名胡瓜、青瓜、王瓜、刺瓜，属于葫芦科，为一年生蔓生草本，据传是由汉朝张骞出使西域时带回来的。黄瓜含有蛋白质、脂肪、碳水化合物、膳食纤维、维生素、胡萝卜素等营养物质，具有清热解毒的功效。用黄瓜捣汁涂擦皮肤，有润肤、舒展皱纹的功效。

　　黄瓜的茎枝伸长，有纵沟及棱，被硬糙毛；卷须细，不分枝，具白色柔毛。单叶互生，叶柄稍粗糙；叶片三角状宽卵形，膜质，长、宽均12～18厘米，两面甚粗糙，掌状3～5裂，裂片三角形并具锯齿，有时边缘具缘毛。花萼密被白色长柔毛；雄蕊3枚，花丝近无；雌花单生，花梗粗壮，被柔毛；子房纺锤形，柱头3裂。果实长圆形或圆柱形，长10～40厘米，成熟时呈黄绿色，表面粗糙，具有刺尖的瘤状凸起，极少数近于平滑。种子小，狭卵形，呈白色，无边缘。花果期为夏季和秋季。

华南型黄瓜

华南型黄瓜主要分布在我国长江以南，耐湿，耐热，为短日性植物，茎和叶较繁茂，果实较小，多黑刺，嫩果呈绿色、绿白色或黄白色，味淡；成熟果呈黄褐色，有网纹。

搭架、引蔓与整枝

栽培攀援植物时，为了使植株分布均匀，需要在卷须出现时搭架，一般用竹竿搭成"人字架"。引蔓是指将植物的卷须人工搭在架上，在植物的卷须出现后，每隔3～4天引蔓一次。黄瓜用主蔓结果时，不需要整枝；用侧蔓结果时，一般8节以下侧蔓全部剪除，9节以上侧枝留3节后摘顶，主蔓约30节摘顶。

横 走 茎

横走茎主要是指横向生长的地下茎，常见于根状茎，可用于繁殖新的植物体，主要的繁殖方法是扦插法。荷花、五味子、铜钱草、圆盖阴石蕨等植物都具有横走茎。

茎的分类

牵牛花

　　按照生长习性，茎可分为直立茎、缠绕茎、攀援茎和匍匐茎四种类型。直立茎背地面生长，直立，大多数植物的茎均属直立茎，如玉米、向日葵等。缠绕茎幼时较柔软，不能直立，以茎本身缠绕于他物向上生长。按照缠绕方向，可分为左旋（逆时针）缠绕茎（如茑萝、牵牛、菜豆、马兜铃）、右旋（顺时针）缠绕茎（如忍冬）和中性缠绕茎（如何首乌）。攀援茎幼时较柔软，不能直立，以其特有的形态结构攀援他物向上生长。匍匐茎细长柔弱，平卧于地面，蔓延生长，节间较长，节上能生补丁根，如番薯、草莓等。

　　有些植物的茎在长期适应某种特殊环境的过程中，逐渐改变了原来的形态。在植物的茎节上，能够长出由枝条变化成可攀援的卷须，这种茎常见于攀援植物。有些植物在卷须分枝的末端，膨大成盘状，能够分泌黏质，称为"吸盘"，黏附于他物上，使植物体不断向上生长，如地锦。

马 兜 铃

马兜铃，为多年生缠绕草本，属于马兜铃科马兜铃属，茎的缠绕方式为左旋。果实、根和藤均可入药，具有止咳平喘、清肺降气的功效。同属的植物包括蛇根马兜铃、大花马兜铃、欧洲细辛等。

啤 酒 花

啤酒花为多年生草本，蔓长达6米，属于大麻科葎草属，茎的缠绕方式为右旋。植株通体密生细毛，雌雄异株，圆锥花序由雄花排列而成，穗状花序由雌花排列而成。

草 莓

草莓，又名红莓、地莓，为多年生草本，属于蔷薇科草莓属。聚合果心形，初期呈白色或绿色，成熟后变成红色，果肉多汁，富含维生素C，具有清新口气的功效。

北马兜铃

忍　冬

　　忍冬，又名鹭鸶花、银花、双花、二花、金藤花、双苞花、金花、二宝花等，属于忍冬科忍冬属，为多年生半常绿缠绕木质藤本。花蕾称为"金银花"，是传统中药之一，具有清热解毒、疏散风热、凉血止痢、消咽利膈的功效，可以用于治疗发疹、发斑、肿毒、咽喉肿痛等症。花初开为白色，后转为黄色。

　　忍冬茎长达9米，中空，多分枝，幼枝密被短柔毛和腺毛。叶对生，纸质，卵形、长圆卵形或卵状披针形，长2.5～8厘米，宽1～5.5厘米，先端短尖、渐尖或钝圆，基部圆形或近心形，全缘，两面和边缘均被短柔毛。花成对腋生，花梗密被短柔毛和腺毛；总花梗通常单生于小枝上部叶腋处，与对柄等长或稍短，生于下部者长2～4厘米，密被短柔毛和腺毛；苞片2枚，叶状，广卵形或椭圆形，长约3.5毫米，被毛或近无毛；小

忍冬

苞片长约1毫米，被短毛及腺毛；花萼短小，萼筒长约2毫米，无毛，5齿裂，裂片卵状三角形或长三角形，先端尖，外面和边缘密被毛；花冠唇形，长3～5厘米，上唇4浅裂，花冠筒细长，外面被短毛和腺毛，上唇4裂片先端钝形，下唇带状且反曲，花初开时呈白色，2～3天后变成金黄色；雄蕊5枚，着生于花冠内面筒口附近，伸出花冠外；雌蕊1枚；子房下位，花柱细长，伸出。浆果球形，直径6～7毫米，成熟时呈蓝黑色，有光泽。花期4～7月，果期6～11月。

植株喜温和湿润气候，喜阳光充足，耐寒、耐旱、耐涝、耐盐碱。

金银花茶

新鲜的金银花冲泡时，要将花蒂摘掉。将鲜花15朵放入容器中注入开水，茶汤变成淡黄色即可饮用。饮用时加入适量冰糖或蜂蜜。

钩　　藤

钩藤，又名双钩藤，属于茜草科钩藤属，为多年生常绿木质藤本，高达10米。带钩的茎枝去叶、晒干后可入药，具有降压、镇静的功效。

山　　药

山药，又名"薯蓣"，为多年生草质藤本，属于薯蓣科薯蓣属。茎蔓生，右旋，常带紫色。植株具块根，块根肉质肥厚，富含淀粉和蛋白质，可以食用。

芸　豆

芸豆

　　芸豆，又名菜豆，属于蝶形花科菜豆属，原产于南美洲的墨西哥和阿根廷，我国在16世纪末才开始引种栽培。芸豆营养丰富，蛋白质含量高，既是蔬菜又是粮食，还可做糕点和豆馅。芸豆是一种高钾、高镁、低钠食品。

　　芸豆的根系较发达；茎蔓生、半蔓生或矮生。初生真叶为单叶、对生，以后的真叶为三出复叶，近心脏形。总状花序腋生，蝶形花，花冠呈白、黄、淡紫或紫等色；自花传粉，少数能异花传粉；每个花序有花数朵至10余朵，一般结2～6荚。荚果长10～20厘米，形状直或稍弯曲，横断面圆形或扁圆形，表皮密被绒毛，嫩荚呈深浅不一的绿、黄、紫红（或有斑纹）等颜色，成熟时呈黄白至黄褐色。随着豆荚的发育，其背面和腹面缝线处的维管束逐渐发达，中、内果皮的厚壁组织层数逐渐增多，鲜食品质降低，因此要适时采收嫩荚。每荚含种子4～8粒，种子肾形，有红、白、黄、黑及斑纹等颜色。

必须煮熟的芸豆

芸豆必须煮透，才能食用。其籽粒中含有一种毒蛋白，必须在高温下才能被破坏，否则会引起中毒。芸豆在消化吸收过程中会产生过多的气体，造成胀肚。故消化功能不良、有慢性消化道疾病的人应尽量少食芸豆。

红　　豆

红豆，又名赤豆、红小豆、朱小豆，为一年生半攀援草本，属于豆科豇豆属，茎长达2米；花冠蝶形，呈黄色；种子呈暗紫色，可以食用，具有消肿通乳的功效，但不宜久食。

绿　　豆

绿豆，为一年生草本，属于豆科豆属，高20～150厘米，分为直立丛生型、半蔓生型、蔓生型，幼茎呈绿色或紫色，成熟后变成灰黄色或褐色；种子呈绿色、黄色或褐色，可以食用，具有清热解毒的功效。

芸豆

叶的作用

复叶

　　叶是绿色植物进行光合作用的主要器官，能够合成有机物，同时放出氧气，为整个生物界的生存与发展提供必需的条件。蒸腾作用也是通过叶完成的，促进植物对水分和无机盐的吸收与运转，以利于二氧化碳进入叶内，完成光合作用。叶还有一些特殊的功能，如豌豆小叶变为卷须，具有攀援能力。

　　叶按形态分为单叶和复叶两类。单叶是指叶柄上生有一片叶片的叶。复叶是指在一个叶柄上生有多片小叶片的叶，根据小叶片的数量和着生方式分为羽状复叶、掌状复叶、三出复叶和单生复叶等。小叶在叶轴的两侧排列成羽毛状，称为"羽状复叶"；掌状复叶的叶轴退化，总叶柄顶端以放射状着生了许多有柄或无柄的小叶，小叶都生在叶轴顶端，排列成掌状；三出复叶仅有3片小叶着生在总叶柄的顶端；单生复叶形似单叶，其两侧的小叶退化不存在，顶生小叶的基部和叶轴交接处有一个关节，叶轴向两侧延展，常成翅。

蒸腾作用

　　蒸腾作用是指水分从植物体内以气体状态散失到体外的现象，是水分吸收和运转的动力。蒸腾作用促进植物体内物质运输，有利于气体交换，分为皮孔蒸腾和气孔蒸腾两类。有效植物的整个植株都能进行蒸腾作用。

卷　须

　　植物的卷须是攀援植物用来缠绕或附着支撑物的器官，由茎或叶子特化而成，分别称为"茎卷须"和"叶卷须"，叶卷须由小叶或托叶特化而成。

叶　轴

　　叶轴，又称为"总叶柄"，是指复叶的叶柄。组成复叶的小叶在叶轴上排列在同一个平面上。叶轴的顶端没有顶芽，腋内生有腋芽。

单叶

叶的形状

　　叶形主要有针形、披针形、矩圆形、椭圆形、卵形、圆形、条形、匙形、扇形、镰形、肾形、倒披针形、倒卵形、倒心形、提琴形、菱形、楔形、三角形、心形、鳞形等。

　　叶缘的类型有全缘、浅波状、深波状、锯齿状、牙齿状、条裂、浅裂、深裂、羽状深裂、羽状浅裂、掌状半裂等。

　　叶端的形状有芒尖、骤尖、尾尖、渐尖、锐尖、凸尖、钝形、截形、微凹、倒心形。

　　叶基的形状有楔形、渐狭、下延、圆钝、截形、箭形、耳形、戟形、心形、偏斜形。

荞 麦

　　荞麦，为一年生草本，属于蓼科荞麦属，是重要的粮食作物，还是优良的蜜源植物。荞麦是由野生荞麦演变而来，野生荞麦为藤本，荞麦的茎为直立茎。

珊瑚藤

扶 芳 藤

　　扶芳藤为常绿灌木，属于卫矛科卫矛属，匍匐或攀援，攀援能力较弱，高1.5米，叶对生，椭圆形，绿色，进入秋天后变成红色；聚伞花序腋生，花呈绿白色。植株适合制做盆景，放置于高处观赏。

珊 瑚 藤

　　珊瑚藤，又名凤宝石，为常绿木质藤本，属于蓼科珊瑚藤属，茎攀援能力强，长达10米；小花多朵密生成串，组成总状花序，花呈淡红色或白色，花期长。

绿 萝

　　绿萝，又名黄金葛，属于天南星科喜林芋属，为常绿藤本，原产中南美洲的热带雨林地区。绿萝藤长可达数米，节间有气根，叶片会越长越大，叶常绿，既能净化空气，又能充分利用空间，是非常优良的室内装饰植物之一。绿萝能够有效吸收空气中的甲醛、苯和三氯乙烯等有害气体。绿萝属阴性植物，忌阳光直射，喜散射光，较耐阴。室内栽培时，可将盆栽

置于窗旁，但要避免阳光直射。阳光过强会灼伤绿萝的叶片，过阴会使叶面上美丽的斑纹消失，通常以接受4小时的散射光为宜。同属栽培品种还有银葛，叶上具乳白色斑纹，较原变种粗壮；金葛，叶上具不规则黄色条斑；三色葛，叶面具绿色、黄乳白色斑纹。

喜林芋属

喜林芋属的植物多为草本，属于天南星科。本属常见的植物包括红宝石喜林芋、绿宝石喜林芋、戟喜林芋、绿萝、春芋、琴叶蔓绿绒。

天南星科

天南星科属于单子叶植物纲，多数为草本，少数为攀援灌木或附生藤本。本科菖蒲属的多种植物可以入药，芋属和魔芋属的植物的块茎可以食用。

黄槿

黄槿，又名糕仔树，为常绿灌木或乔木，属于锦葵科木槿属。主干不明显。单叶，互生，心形。植株的耐盐碱的能力较强，适合做行道树，是防风、防潮的优良树种。

叶　序

丁香

　　叶序是指叶在茎上有规律排列的方式，主要有互生、对生、轮生、簇生、叶镶嵌等类型。叶序使叶在茎上均匀地分布，有利于植物光合作用的进行。大多数植物具有一种叶序，少数植物具有两种叶序。常见的有：

　　互生：即叶着生的茎或枝的节间部分较长而明显，各茎节上只有1片叶着生，如香樟、枫香、金缕梅、紫荆等。

　　对生：即叶着生的茎或枝的节间部分较长而明显，各茎节上有2片叶相对着生，如蒲桃、白蜡树、女贞、紫丁香、桂花、黄梁木、咖啡、黄荆、泡桐。

　　轮生：即叶着生的茎或枝的节间部分较长而明显，各茎节上有3片或3片以上的叶轮状着生，如垂盆草、夹竹桃、百合。

　　簇生：即叶着生的茎或枝的节间部分较短而不显，各茎节上着生1或数片叶，如银杏、枸杞。

丛生：即叶着主的茎或枝的节间部分较短而不显，2或数片叶自茎节上一点发出，如大多数的兰科植物。

叶　基

叶基是指叶片的基部，直接或通过叶柄间接与茎相连。

叶　脉

贯穿在叶肉内的维管束称为"叶脉"。　叶脉具有运输养分和水分的作用，按粗细分为主脉、侧脉和细脉；按排列方式分为平行脉、弧形脉、网状脉和叉状脉。在叶片表面可以见到脉纹。

叶尖类型

叶尖类型包括渐尖、锐尖、尾尖、钝尖、尖凹、倒心形。

枸杞

南 蛇 藤

南蛇藤，属于卫矛科南蛇藤属，为落叶木质藤本，一般多野生于山地沟谷及临缘灌木丛中。植株姿态优美，茎、蔓、叶、果都具有较高的观赏价值，秋季叶片经霜变红或变黄时，美丽壮观；成熟的累累硕果，竞相开裂，露出鲜红色的假种皮，宛如颗颗宝石，是城市垂直绿化的优良树种。根、藤、叶、果可入药，具有祛风活血、消肿止痛、解毒等功效，但南蛇藤有毒，入药时须遵医嘱。南蛇藤是纤维植物，树皮可制优质纤维。南蛇藤的种子含油量为45％～52％，是适合我国发展的潜在的燃料油植物物种之一。

南蛇藤高达3米，小枝圆柱形，呈灰褐色或暗褐色。单叶互生，近圆形至广倒卵形，或长椭圆状倒卵形，长5～10厘米，宽3～6厘米，先端渐尖或短尖，边缘有钝锯齿，基部楔形，罕为截形，下面叶脉隆起，有时具短柔

刺苞南蛇藤

毛；叶柄长1～2厘米。雌雄异株，短聚伞花序腋生，花呈淡黄绿色，直径约5毫米；花萼裂片5枚，卵形；花瓣5枚，卵状长椭圆形，长4～5毫米；雄蕊5枚，花药2室，纵裂，花丝圆柱形；雌蕊1枚，子房上位，近球形，花柱短，柱头3裂；雄花的雄蕊稍长，雌蕊退化。蒴果球形，直径7～8毫米。种子卵形至椭圆形。花期4～5月，果熟期9～10月。

植株喜阳、耐阴，抗寒，耐旱，对土壤要求不严。

生物燃料

生物燃料是指利用动物和微生物等生产的固体、液体和气体燃料，替代汽油和柴油，现在已经生产出来的为燃料乙醇和生物柴油，属于可再生燃料。

油料作物

油料作物是指能够从果实和种子中提炼出油脂的作物，包括大豆、芝麻、油菜、向日葵、花生、蓖麻等。

纤 维 素

纤维素是植物细胞壁的主要组成成分，是由葡萄糖组成的大分子多糖。人类从食物中摄入的纤维素，对促进肠道蠕动有重要作用。芹菜、韭菜等植物富含纤维素。

南蛇藤

花的作用

　　花是被子植物所特有的生殖器官，是被子植物区别于其他植物类群的标志性结构，因此被子植物又被称为"有花植物"。花常因含有特殊的挥发油类而具有特殊的香气，因此许多植物的花可用于提取香料。有些花可以食用，有些植物以完整的花或花蕾入药，如金银花。

　　典型的被子植物的花包括花梗、花托、花萼、花冠、雄蕊群和雌蕊群等部分。一朵具有花萼、花冠、雄蕊群和雌蕊群的花，称为"完全花"。缺少任何一部的花，称为"不完全花"。花梗是指连接茎的小枝，也是茎和花相连的通道，并支持着花。花托是花梗顶端略膨大的部分，着生花萼和花冠等，有圆柱状、覆碗状、碗状、膨大呈倒圆锥形、花托延伸成为雌蕊柄、花托延伸成为雌雄蕊柄、花托延伸成为花冠柄等。

紫荆的花

藤本植物

花冠是花第二轮的变态叶，由若干花瓣组成，有各种颜色和芳香味，可吸引昆虫传粉。花被是花萼和花冠的合称。花萼是花最外轮的变态叶，由若干萼片组成，通常为绿色，有离萼、合萼、副萼等，具有保护幼花的作用。雄蕊群是一朵花内所有雄蕊的总称，有多种类型。雌蕊群是一朵花内所有雌蕊的总称，多数植物的花只有一个雌蕊。

食用花卉

食用花卉是指根、茎、叶、花或果实可以食用的花卉，包括百合、菊花、玫瑰、荷花、槐花、紫苏、萱草、桂花、梅花、紫罗兰、蔷薇等。

药用花卉

药用植物是指根、茎、叶、花、果实或全株可以入药的植物，包括牡丹、桔梗、百合、贝母、荷花、菊花、金银花、红花、芍药、鸡冠花、石斛、菖蒲、玉竹、鸢尾等。

鸡冠紫苏

香料花卉

香料花卉是指具有浓郁的香味，能够提取香精油，作为香料应用于食品、化妆品、日常用品的加工的花卉，包括白玉兰、茉莉、百合、留兰香、水仙等。最著名的香料花卉是玫瑰，能够提取玫瑰精油。

紫　藤

　　紫藤，又名朱藤、招藤、招豆藤、藤萝，属于蝶形花科紫藤属，原产于我国。植株勾连盘曲、攀栏缠架，初夏时紫穗悬垂，花开可半月不凋，花繁且香，盛暑时则浓叶满架，瘦长的荚果迎风摇曳，非常适合栽种于荫棚的旁边，用其攀绕棚架，制成花廊。我国从古代开始就有食用紫藤花的风俗，传承至今。花可炒食，根、茎、叶、种子可以入药，花具有解毒、止泻等功效；皮具有杀虫、止痛、祛风通络等功效，可以用于治疗筋骨疼、风痹痛等症；种子可以药用，但具有微毒，应用时须遵医嘱。紫藤对二氧化硫、氟化氢、铬有较强的抗性，是一种优良的环保树种。

　　紫藤的主根深，侧根少；树干皮呈灰白色，有浅纵裂纹。羽状奇数复叶，互生，小叶7～13片，卵状，长椭圆形，嫩叶有毛，老叶无毛；花大，呈紫色，具芳香味。总状花序每

紫藤

轴着花20～80朵，呈下垂状。果实为荚果，长条形，表面被有银灰色短绒毛，内含扁圆形种子1～3粒。每年3月开始现蕾，4月开花，花期4～5月，果熟期10～11月。

白花藤萝

白花藤萝为落叶藤本，长2～10米，属于豆科紫藤属，叶为羽状复叶，总状花序生于枝端，与叶同时开放，苞片早落，花萼浅杯状，花冠呈白色，因此得名。花期为4～5月。

多花紫藤

多花紫藤为落叶藤本，属于豆科紫藤属，茎右旋，叶为羽状复叶，总状花序生于当年生枝枝端，苞片早落，花萼杯状，花冠呈蓝紫色至紫色，种子呈紫褐色。花期4～5月。

无限花序

无限花序在开花时，花序轴继续向上生长，花序轴基部的花最先开放，渐次向上，或由边缘向中央依次开放。这类花序分为总状花序、穗状花序、柔荑花序、伞房花序、伞形花序、头状花序、隐头花序等类型。

紫藤

花　冠

枸杞的花

　　花冠位于花萼的内侧，由若干花瓣组成，排成一轮或数轮。

　　十字形花冠：由4枚分离的花瓣排成十字形。

　　蝶形花冠：花瓣5枚，排列成蝶形，最上一枚称为"旗瓣"，两侧的两枚称为"翼瓣"，最下两枚其下缘常合生，称为"龙骨瓣"，如豆科植物、鸡血藤。

　　钟状花冠：花冠筒宽而短，上部扩大成钟形。

　　漏斗状花冠：花冠下部呈筒状，并由基部渐渐向上扩展成漏斗状，如牵牛花。

　　轮状花冠：花冠筒短，裂片由基部向四周扩展，状如车轮，如枸杞。

　　唇形花冠：花冠略呈二唇形。

筒状花冠：花冠大部分呈冠状或筒状，花冠裂片向上伸展。

舌状花冠：花冠基部呈短筒状，上面向一边张开呈扁平舌状。

龙　吐　珠

龙吐珠，又名麒麟吐珠、臭牡丹藤，为多年生常绿藤本，属于马鞭草科龙吐珠属。植株高2～5米，聚伞花序腋生，花萼较大，呈绿色，裂片呈白色，花冠上部呈深红色，花开时花冠从花萼中伸出。

扭　肚　藤

扭肚藤，又名白金银花，为多年生木质藤本，属于木樨科素馨属。植株高2～3米，花序为聚伞花序，顶端花序先开，花冠呈白色，开花时，发出清香气味，是优良的观赏花卉。

球　兰

球兰，又名狗舌藤、玉蝶梅、金雪球，为多年生蔓生草本，属于萝藦科球兰属，茎蔓性，节间生有气根，伞形花序腋生或顶生，小花星形簇生，呈白色，开花时具有芳香味。

龙吐珠

凌　霄

凌霄花

　　凌霄，又名紫葳花、上树蜈蚣花、凌霄花、中国凌霄，属于紫葳科凌霄属，为落叶木质藤本。茎、叶、花可以入药，具有行血去瘀、凉血祛风等功效，可以用于治疗风疹发红、皮肤瘙痒、痤疮等症。凌霄生性强健，枝繁叶茂，入夏后朵朵红花缀于绿叶中次第开放，十分美丽，可植于假山等处，也是廊架绿化的上好植物。

　　凌霄的藤枝粗壮。羽状复叶对生，小叶7～9片，卵形至披针形，长3～7厘米，宽15～3厘米，先端长尖，基部不对称，两面无毛，边缘疏生锯齿，两片小叶间有淡黄色柔毛。花呈橙红色，由三出聚伞花序集成稀疏顶生圆锥花丛；花萼钟形，长2～2.5厘米，质较薄，呈绿色，有10条突起纵脉，5裂至中部，萼齿披针形；花冠唇形漏斗状，直径约7厘米，表面可见细脉纹，内表面较明显。蒴果长如豆荚，顶端钝。种子多数。花期6～7月，果期11月。

　　植株喜温暖湿润的环境，稍耐阴，较耐水湿，并有一定的耐盐碱能力。

炮 仗 花

　　炮仗花，又名火焰藤、黄金珊瑚，为常绿木质藤本，属紫葳科炮仗花属，圆锥花序下垂，由多朵小花组成，小花呈橘红色，花萼钟形。花盛开时，花序上的小花形似鞭炮，因此得名。

猫 爪 藤

　　猫爪藤为常绿蔓生藤本，属于紫葳科紫葳属，茎细，借助气生根攀援，花冠呈黄色，先端五裂，其中2枚裂片反卷，3枚平出，花萼呈绿色。植株能够导致被攀爬的大树死亡，具有一定的危害性。

蒜 香 藤

　　蒜香藤，又名紫铃藤，为多年生常绿藤本，属于紫葳科紫葳属，花序为聚伞花序，花冠筒状，花刚开始呈粉紫色，随后变成粉红色，最后变成白色。花朵和叶片揉搓后，发出类似大蒜的气味，因此得名。

炮仗花

花 序

被子植物的花，一朵一朵单独着生于茎枝顶上，称为"单生花"。许多花按照一定的规律排在总花轴上，称为"花序"。花序的主轴称为"花序轴"。

花序分为无限花序和有限花序两大类。无限花序开花时，花序轴继续向上生长伸长。无限花序分为简单花序和复合花序两类。简单花序包括总状花序、穗状花序、柔荑花序、肉穗花序、伞房花序、伞形花序、头状花序、隐头花序。复合花序分为复总状花序、复穗状花序、复伞形花序、复伞房花序、复头状花序。有限花序中，最顶点和最中心的花先开，由于顶花的开放限制了花序轴顶端的继续生长，因而以后开花顺序渐及下边或周围。有限花序分为单岐聚伞花序、二岐聚伞花序和多岐聚伞花序。

飞燕草的花序

头状花序

总状花序

总状花序属于无限花序，花序轴不分枝，较长，具有花柄的小花着生于花序轴上，小花的花柄等长，由下至上开花。紫藤、飞燕草、白菜等植物的花序均为总状花序。

穗状花序

穗状花序属于无限花序，是总状花序的一种类型，花序轴直立，较长，许多小花着生于花序轴上，小花不具花柄。禾本科、苋科、蓼科、莎草科的许多植物的花序均为穗状花序。

柔荑花序

柔荑花序属于无限花序，花序轴直立或下垂，单性小花着生于花序轴上，有的小花没有花柄，有的小花具短柄。开花后，整个花序一起脱落。杨树、柳树、榛树的花序都为柔荑花序。

络 石

络石

　　络石，又名石龙藤，属于夹竹桃科络石属，为常绿木质藤本，原产于我国，是一种常用中药。茎触地后易生根，耐阴性好，四季常青，攀爬性较强，可植于庭园、公园，院墙、石柱、亭、廊、陡壁等攀附点缀，十分美观。

　　络石的茎长达10米，圆柱形，有皮孔，呈赤褐色，幼枝被黄色柔毛，有气生根，全株具乳汁。叶对生，革质或近革质，椭圆形或卵状披针形，长2～10厘米，宽1～4.5厘米，上面无毛，下面被疏短柔毛，侧脉每边6～12条。二歧聚伞花序顶生或腋生，花呈白色，芳香；花萼5深裂，裂片线状披针形，顶部反卷，基部具10个鳞片状腺体；花蕾顶端钝，花冠筒圆筒形，中部膨大，花冠5裂，向右覆盖；雄蕊5枚，着生于花冠筒中部，腹部黏生在柱头上，花药箭头状，基部具耳，隐藏在花喉内；

花盘环状5裂，与子房等长；子房由2枚离生心皮组成，无毛，花柱圆柱状，柱头卵圆形。蓇葖果无毛，线状披针形。种子多数，呈褐色，线形，顶端具白色绢质种毛。花期3～7月，果期7～12月。

夹竹桃科

夹竹桃科的植物多数为攀援或直立灌木，少数为多年生草本或木本。本属植物具有乳汁或液体，有毒，花辐射对称，单生或组成聚伞花序，花冠合瓣，具有多种形状，喉部具有副花冠、鳞片或附属体。

羊 角 拗

羊角拗为灌木，属于夹竹桃科羊角拗属，常野生于山坡，聚伞花序顶生，花冠漏斗状。植株全株都有毒，会导致食用者心跳紊乱、出现幻觉、神智迷乱、呕吐腹泻等。

皮 孔

皮孔是指茎与外界交换气体的孔隙，分布于枝干表面，一般是呈裂缝状的突起。在木栓层形成之前，气体通过幼茎的气孔进出植物体。不同植物的皮孔的形状、大小和颜色都不同。

夹竹桃

花的颜色

红色的花

　　花冠万紫千红、艳丽多彩是因为在花瓣细胞液里含有花青素和类胡萝卜素等物质。花青素是水溶性物质，分布于细胞液中。这类色素的颜色随着细胞液的酸碱度变化而变化，花青素在碱性溶液中呈蓝色，在酸性溶液中呈红色，而在中性溶液中呈紫色。凡是含有大量花青素的花瓣，它们的颜色都在红色、蓝色、紫色之间变化着。黑色花瓣内也含有花青素，细胞液呈强碱性时，花青素在强碱的条件下呈现出蓝黑色或者紫黑色。类胡萝卜素有80多种，是脂溶性物质，分布于细胞的染色体内，花瓣的黄色、橙色、橘红色，主要是由这类色素形成的。如黄玫瑰含有胡萝卜素则呈现黄色，金盏花里含有另一种类胡萝卜素而使花瓣变成黄色，而在郁金香花中的类胡萝卜素则使花瓣呈现出美丽的橘红色。细胞中含有黄酮色素或者黄色油滴也能使花瓣呈现黄色。细胞液中含有大量叶绿素则使花瓣呈现绿色。洁白的花瓣是因为细胞中不含有任何色素，只是在细胞间隙中隐藏着许多微小气泡，它能把光线全部反射出来，所以花瓣呈现白色。复色的花，含有不同种类的色素，它们在花上分布的部位不同。花瓣由含有各种不同色素的细胞镶嵌而成，使一朵花上呈现出多种不同颜色，从而使得花朵绚丽多彩。人们常见的一些花，从开花到衰败，花色是在不断变化的，如牵牛花初开的时候为红色，快凋谢的时候变成紫色，这也和花瓣中的细胞液酸碱度、温度变化有关系。

酸性溶液

在常温下，酸性溶液的pH值小于7，pH值越小，酸性越强。这种溶液能使酸碱指示剂变色，例如能使紫色石蕊变成红色。酸与碱中和能够生成盐和水，酸与活泼金属反应能够生成氢气。

碱性溶液

在常温下，碱性溶液的pH值大于7，pH值越大，碱性越强。蔬菜、水果、谷物、菌类等植物被称为"碱性食物"，与其pH值无关，而是因为这些食物在人体内的代谢产物为碱性。

紫色的花

中性溶液

在常温下，pH值为7的溶液称为"中性溶液"。如果温度发生变化，则中性溶液的pH值也会发生变化。

铁 线 莲

瓣铁线莲

　　铁线莲，又名番莲、威灵仙、山木通，属于毛茛科铁线莲属，多为木质藤本。全世界约有铁线莲300种，我国约有110种。铁线莲枝叶扶疏，有的花大色艳，有的多数小花聚集成大型花序，它是攀援绿化中不可缺少的良好材料，少数种类适宜作地被植物。有些铁线莲的花枝、叶枝与果枝还可作瓶饰、切花等。植株以根、全草入药，具有利尿、理气通便、活血止痛的功效，可以用于治疗小便不利、腹胀、便闭；外用治疗关节肿痛、虫蛇咬伤。

　　铁线莲的茎长2～4米，呈棕色或紫红色，具6条纵纹，节部膨大，全体有稀疏短毛。叶对生，有柄，单叶、一回或二回三出复叶，叶柄能卷住他物；小叶卵形或卵状披针形，全缘，或2～3缺刻。花单生，钟状、坛状或轮状，花瓣由萼片瓣化而成；花梗生于叶腋处，长6～12厘米，中部生对生的苞叶；花梗顶开大型白色花，花径5～8厘米；花萼4～6片，卵形，锐头，边缘微呈波状，中央有3条粗纵脉，外面的中央纵脉带紫色，并有短毛；花瓣缺或由假雄蕊代替；雄蕊多数，常常变态，花丝扁平扩大，暗紫色；雌蕊亦多数，花柱上有丝状毛或无。瘦果聚集成头状并具有长尾毛。花期5～6月。

切　花

　　切花，又称为"花材"，是指将植物的花、枝、叶等剪切下来，瓶插或制作花束等。常见的切花植物包括月季、菊花、康乃馨、唐菖蒲、百合、非洲菊、观赏向日葵、薰衣草等。

盆　栽

　　盆栽是指将一种或几种植物种植于花盆内用于观赏，分为大型盆栽、小型盆栽和迷你盆栽，可放置于庭院内或室内。我国的盆栽起源于古代园林造景。

地被植物

　　地被植物是指能够代替草坪，覆盖地表的植物，植株一般矮小、密集，包括多年生草本植物、匍匐灌木和藤本植物，能够防止水土流失、减少污染、吸附尘土。同时地被植物是园林造景的重要组成部分。

鲜切花

果实的类型

浆果

　　果实分为单果、聚合果和聚花果三类。

　　单果由一朵花中的一枚单雌蕊或复雌蕊参与形成，可分为肉质果和干果两类。

　　肉质果又分为浆果、核果、柑果、梨果和瓠果。浆果外果皮薄，浆汁丰富，如葡萄、猕猴桃、番石榴、西瓜、黄瓜。核果具有坚硬的果核，如芒果、马缨丹。柑果是柑橘类植物所特有的肉质果。梨果外果皮与中果皮没有明显界限，内果皮木质化。瓠果是瓜类植物所特有的肉质果。

　　干果又分为荚果、蓇葖果、角果、蒴果、颖果、坚果、翅果、双悬果。荚果是豆科植物所特有的干果，如豌豆。蓇葖果成熟时，沿腹缝线开裂，或沿背缝线开裂。角果是十字花科植物所特有的开裂干果。蒴果含多粒种子，种子成熟后有室背开裂、室间开裂、室轴开裂、盖裂、空裂等方式。瘦果为不开裂干果。颖果是禾本科植物所特有的一类不开裂的干果。坚果含一粒种子，属于果皮坚硬木质化的不开裂干果。翅果属于不开裂干果，果皮的一部分向外扩展成翼翅。双悬果成熟后心皮分离成两瓣，并列悬挂在中央果柄的上端。聚合果是由一朵花中的许多离生单雌蕊聚集生长在花托上，并与花托共同发育而成的果实，分为聚合瘦果、聚合核果、聚合坚果、聚合蓇葖果。聚花果是由整个花序发育而成的果实。

假　　果

假果是指除由子房发育而成以外，大部分是由花托、花萼和花冠，甚至是整个花序参与发育而成的果实，如观赏南瓜、金边菠萝等。假果的结构比较复杂，一般果皮由子房壁发育而成，果肉由胎座发育而成，种子则由受精后的胚珠发育而成。

果实成熟

果实成熟是指果实生长进入最后的阶段，果实充分长大，养分充分积累，已经完成发育，达到生理成熟。果实完熟是指果实达到成熟以后，表现出特有的颜色、风味、质地，达到食用的标准。

果实成熟的标志

果实色泽是果实品质鉴定的重要标记之一，其色泽与果皮中所含色素有关。随着果实的成熟过程，果皮的质地逐渐由硬变软。在果实的成熟过程中，产生一些水果香味。果实中积累的淀粉在成熟过程中逐渐被水解，转变为可溶性糖，使果实变甜。

西番莲

西番莲

　　西番莲，属于西番莲科西番莲属，为多年生常绿木质藤本。该植物在夏季开花，花大，呈淡红色，微香。西番莲的果实甜酸可口，风味浓郁，是世界上已知最芳香的水果之一，有"果汁之王"的美誉，按果实的颜色可以分为黄果种和紫果种。果实香气浓郁，甜酸可口，具有生津止渴、提神醒脑的功效，食用后能够增进食欲，促进消化。果实中含有多种维生素，能降低血脂和血压。中医认为西番莲具有凉血养颜、润肺化痰、通肠胃、理三焦的功效，可以用于治疗心火燥热、腹胀便秘、血痢肠风等症。

　　西番莲的茎细长，长4米左右，有细毛，嫩茎有纵棱线，老茎呈圆柱形，有卷须。单叶互生，掌状3或5深裂，长6～10

厘米，宽9～15厘米，裂片披针形，先端尖，基部心脏形且带凸形，具叶柄，其上通常具2枚腺体。聚伞花序，有时退化仅存1～2朵花；花两性或单性，偶有杂性；萼片5枚，常呈花瓣状，其背顶端常具1个角状附属器；花瓣5枚，呈淡红色，副花冠须状，呈浓紫色或淡紫色；雄蕊5枚，花药能转动，状如时钟；子房上位，花柱8枚。果实为浆果，椭圆形，成熟后呈黄色。

火龙果

火龙果，又名吉祥果、红龙果，为多年生草本植物，常做一年生栽培，属于仙人掌科量天尺属，原产于中美洲热带地区，是典型的热带植物。果实为肉质，富含营养物质，风味独特。

蒴莲

蒴莲，又名过山参、软骨青藤、土党参，为草质藤本，属于西番莲科蒴莲属。根粗壮，可以入药，具有祛风通络等功效，叶互生，花序为聚伞花序，果实有光泽，成熟后变成淡黄色。

人参果

人参果，又名香艳茄、甜茄，为多年生灌木，常做一年生栽培，属于茄科茄属。成熟的果实椭圆形，呈金黄色，带紫色条纹，果肉多汁，风味独特，含有硒、钙等微量元素。

红花西番莲

葫芦

葫芦

　　葫芦，属于葫芦科葫芦属，为一年生草质藤本，果实也称为"葫芦"。葫芦的果实可以在未成熟的时候收割作为蔬菜食用，也可以在成熟后收割加工为容器或者烟斗。嫩果和嫩叶可以食用。葫芦的蔓、须、叶、花、子、壳均可入药，葫芦花、蔓、须具有解毒的功效；葫芦瓤、子有毒，但可以用来治疗牙病；葫芦壳具有消热解毒、润肺、利便等功效。

　　葫芦的植株有软毛，卷须2裂。叶片心状卵形至肾状卵形，长10～40厘米，宽与长近相等，稍有角裂或3浅裂，顶端尖锐，边缘有腺点，基部心形；叶柄长5～30厘米，顶端有2个腺点。花生于叶腋处，雄花的花梗较叶柄长，雌花的花梗与叶柄等长或稍短；花萼长2～3厘米；花冠呈白色，裂片广卵形或倒卵形，长3～4厘米，宽2～3厘米，边缘皱曲，顶端稍凹陷或有细尖；子房椭圆形，有绒毛。果实光滑，初呈绿色，后变成白色或黄色，中间缢细，下部大于上部。种子呈白色，倒卵状椭圆形，顶端平截或有2个角。花期6～7月，果期7～8月。

苦 瓜

　　苦瓜，又名凉瓜，为一年生攀援草本，属于葫芦科苦瓜属。根系发达，茎蔓生，五棱，叶面呈绿色，叶背呈淡绿色，雌雄异花同株，初生浆果呈绿色或淡绿色，成熟时变成橘黄色，种子呈淡黄色。

雪 胆

　　雪胆，又名曲莲，为多年生攀援草本，属于葫芦科雪胆属。茎纤细，块根外皮呈黄褐色，可入药，具有清热解毒、健胃止痛的功效。花雌雄异株，雄花花序聚伞状，花冠呈黄绿色。

佛 手 瓜

　　佛手瓜，又名合手瓜，为多年生攀援草本，属于葫芦科佛手瓜属。茎蔓生，长达10米；叶掌状，呈绿色；果实梨形，有5条纵沟，形似合起来的手掌，果皮呈绿色，果肉呈白色。

佛手瓜

冬 瓜

　　冬瓜，又名白瓜、水芝、地芝、枕瓜、濮瓜、白冬瓜，属于葫芦科冬瓜属，为一年生草质藤本，原产于我国南部和印度，是夏秋的重要蔬菜品种之一。冬瓜的果肉含有丰富的蛋白质、碳水化合物、维生素以及矿物质元素等营养成分，具有清肺化痰、清胃热、除烦止渴、去湿解暑、利小便、消除水肿等功效，可以用来辅助治疗肺热咳嗽、水肿胀满、暑热烦闷、泻痢、痔疮、哮喘、糖尿病、肾炎水肿、鱼蟹中毒等症。

　　冬瓜的茎被黄褐色的毛，有棱沟。叶柄粗壮，叶片肾状近圆形，表面呈深绿色，叶脉在叶背面稍隆起。雌雄同株，花单生。果实呈圆、扁圆或长圆形，大小因果种不同而不同，小的重数千克，大的重数十千克；果皮呈绿色，多数品种的成熟果实表面有白粉；果肉厚，呈白色，疏松多汁，味淡，嫩瓜或老瓜均可食用。

冬瓜

西瓜

节　瓜

　　节瓜，又名小冬瓜、毛瓜，为一年生攀援草本，属于葫芦科冬瓜属，是我国的特产蔬菜之一。根系发达，茎蔓生；叶互生，叶面呈深绿色，叶背呈绿色；单性花单生，花萼呈绿色，花瓣呈黄色。

西　瓜

　　西瓜，又名夏瓜、寒瓜，为一年生蔓性草本，属于葫芦科西瓜属。主根深达1米以上，茎非常长；雌雄异花同株，具蜜腺，花冠黄色；果皮呈浅绿色、深绿色或墨绿色，果肉呈红色、白色或黄色。

北　瓜

　　北瓜，又名笋瓜、玉瓜，为一年生蔓性草本，属于葫芦科南瓜属。根系发达，茎上长有卷须，叶三角形；雌雄异花同株，呈黄色，花冠具裂片；果实长圆形，呈黄白色，可以食用。

种子的形状和颜色

西伯利亚刺柏的种子

　　种子的形状主要有圆（球）形、椭圆形、肾形（蚕豆）、纺锤形、三棱形、卵形、扁卵形、盾形和螺旋形等。

　　种子的大小、形状、颜色因种类不同而不同。蚕豆、菜豆为肾脏形，豌豆、龙眼为圆球状；花生为椭圆形。瓜类的种子多为扁圆形，颜色以褐色和黑色较多，但也有其他颜色，如豆类种子有黑、红、绿、黄、白等色。种子表面有的光滑发亮，也有的暗淡或粗糙。造成表面粗糙的原因是由于表面有穴、沟、网纹、条纹、突起、棱脊等雕纹的结果。有些还可看到种子成熟后自珠柄上脱落留下的斑痕。有的种子还具有翅、冠毛、刺、芒和毛等附属物，这些都有助于种子的传播。种子体积的大小差异很大，一个带着内果皮的椰子种子，可以达几千克重，而药用植物马齿苋种子的千粒重只有0.13克，寄生的高等植物——列当的种子更小。

种　脐

种脐是指种子成熟后从种柄上脱落后留下的疤痕，有圆形、椭圆形和卵形等。在植物种子的形成过程中，种脐是植物向种子输送营养的通道。不同植物的种脐的形状、大小和颜色都不同。

珠　孔

珠孔是指种子植物的胚珠顶端的小孔或小缝隙，是由不愈合的株被形成的。在植物传粉和受精的过程中，珠孔是花粉管进入胚珠内的通道。珠孔在胚珠发育成种子后，发育成种孔。

胚　轴

胚轴是指子叶着生点与胚轴之间的轴体，是种子植物胚的组成部分，分为上胚轴和下胚轴两部分。在植物的生长过程中，胚轴能够发育成茎和根的连接部分。

蝙蝠葛的种子

豌　豆

　　豌豆，又名小寒豆、淮豆、青小豆、留豆、金豆、麦豌豆、麦豆、毕豆、国豆等，圆身的称为"蜜糖豆"或"蜜豆"，扁身的称为"青豆"或"荷兰豆"，属于豆科豌豆属，为一年生或二年生草质藤本，原产于古希腊和古罗马，在我国已有两千多年的栽培历史。豌豆在植物遗传学上占有重要的地位，孟德尔将其作为遗传因子实验的作物。种子及嫩荚、嫩苗均可食用；种子含淀粉、油脂，药用有强身、利尿、止泻的功效；茎和叶能清凉解暑，并作绿肥和饲料。豌豆营养丰富，经常食用能够增强机体免疫功能。

　　豌豆按豆荚壳内层革质膜的有无和厚薄可分为软荚豌豆和硬荚豌豆；按花色可分为白色豌豆和紫（红）色豌豆；按种子的表皮可分为光粒种和皱粒种；按植株的高矮可分为蔓性种、半

豌豆

蔓性种和矮性种。

豌豆根上生长着大量侧根，主根、侧根均有根瘤，株高90～180厘米，全体无毛。偶数羽状复叶，顶端卷须，托叶呈卵形；花呈白色或紫红色，单生或1～3朵排列成总状腋生，花柱内侧有须毛，闭花授粉，花瓣呈蝶形。荚果呈长椭圆形或扁形，根据内部有无内层革质膜及其厚度分为软荚和硬荚。种子圆形、圆柱形、椭圆形、扁圆形或凹圆形，每荚2～10粒，多呈青绿色，也有黄白、红、玫瑰、褐、黑等颜色。豌豆可根据表皮分为皱皮和圆粒，干后变成黄色。

豌豆按用途和荚的软硬，可分为粮用豌豆、菜用豌豆和软荚豌豆三个变种。

豌豆苗

豌豆苗，又称为"龙须菜"，是指豌豆的嫩苗，可供食用，茎呈白色，子叶呈绿色，从播种到可以食用只需几天。植株具有清香的味道，富含多种人体的必需氨基酸，营养价值极高。

豌豆黄

豌豆黄是北京地区的一种传统小吃，民间习俗，农历三月三要吃豌豆黄。这种小吃以豌豆为原料，成品浅黄色，味道香甜，口感细腻，入口即化，具有和中下气、解毒消炎的功效。

软荚豌豆

软荚豌豆，又名荷兰豆，为一年生草本，属于豆科豌豆属，按茎的类型分为矮生、半蔓生和蔓生三种类型。荚果呈绿色，种子有光滑和皱粒两种，可以食用，具有益脾和胃、生津止渴的功效。

南　瓜

南瓜

南瓜，又名番瓜、倭瓜，属于葫芦科南瓜属，为一年生草质藤本，原产于亚洲南部、北美洲。嫩果味甘适口，是夏秋季节的瓜菜之一。果实作蔬菜；种子含油可食用；种子（南瓜子）和瓜蒂常入药，能驱虫、健脾、下乳。

南瓜的茎长达数米，节处生根，粗壮，有棱沟，被短硬毛，卷须分3～4叉。单叶互生，叶片心形或宽卵形，5浅裂有5角，稍柔软，长15～30厘米，两面密被绒毛，沿边缘及叶面上常有白斑，边缘有不规则的锯齿。花单生，雌雄异花同株，雄花花托短；花萼裂片线形，顶端扩大成叶状；花冠钟状，呈黄色，5中裂，裂片外展，具皱纹；雄蕊3枚；花药靠合，药室规则S形折曲；雌花花萼裂显著，叶状；子房圆形或椭圆形，1

室，花柱短，柱头3裂，各2裂。瓠果扁球形、壶形或圆柱形，表面有纵沟和隆起，光滑或有瘤状突起，似橘瓣状，呈橙黄至橙红色不等；果柄有棱槽，瓜蒂扩大成喇叭状。种子卵形或椭圆形，长1.5～2厘米，呈灰白色或黄白色，边缘薄。花期5～7月，果期7～9月。

花　药

花药是雌蕊产生花药的部分，位于花丝顶端，膨大呈囊状，由表皮层、纤维层、中间层和绒毡层构成。花药在花丝上的着生方式包括全着药、底着药、背着药、丁字着药、广歧着药等。

花　萼

花萼是指位于花冠外面的绿色被片，花未开时保护花蕾，花开时托着花冠。一般一朵花具有若干枚花萼。委陵菜和草莓等植物的花萼能够特化成瓣状萼，这种花萼大型，颜色鲜艳。

南瓜的花

雌雄同株

雌雄同株是指种子植物的雌花和雄花生于同一植株上，有两种类型：一种是植物的雌蕊和雄蕊生长在两朵花上，称为"单性花"；另一种是雌蕊和雄蕊生长在一朵花上，称为"两性花"。

果实和种子的传播

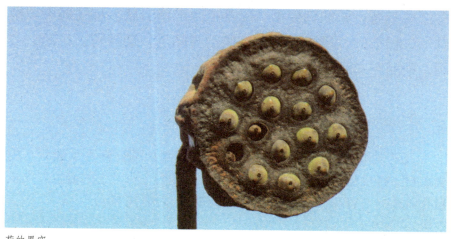

荷的果实

　　植物的果实和种子成熟之后，需要借助外力或自身的弹力，将果实和种子传到远方，以扩大其后代的生长范围。果实和种子的传播方式主要有：

　　借助风力传播。列当和兰科植物的种子细小质轻，莴苣和蒲公英的果实顶端生有冠毛，垂柳和白杨的种子外被细绒毛，百合的种子具翅，酸浆草的果实外具薄膜状气囊等，这些种子都易漂浮于空中而被吹送至远方。

　　借助水传播。水生植物和生长于沼泽地带的植物的果实或种子多具有漂浮结构。荷花的聚合果的花托组织疏松，可以借水力漂载果实进行传播；椰子的果实的外果皮平滑，不透水，中果皮疏松，呈纤维状，充满空气，可随海流漂至远处海岛的沙滩而萌发。

　　借助动物和人类的活动传播。苍耳的果实外面生有钩刺，能够附于动物的皮毛上或人们的衣服上，从而被携至远方；马鞭草和鼠尾草的果实具有宿存黏萼，易黏附在动物毛皮上面传播。

借助果实自身的弹力传播。大豆和凤仙花的果皮各部分结构与细胞含水量存在差异，果实成熟干燥时，果皮各部分发生不均衡的收缩，引起果品爆裂，将种子弹出。

蒲 公 英

蒲公英，为多年生草本，属于菊科蒲公英属。植株含有乳白色汁液，根长，入土较深，叶排成莲座状；果实为瘦果，顶生白色冠毛，成熟后可以随风传播。

荷 花

荷花，又名莲花、菡萏，为多年生草本，属于莲科莲属，是起源最早的被子植物之一。荷花的种子称为"莲子"，属于坚果，可以食用，也可以入药，莲心非常苦，在食用时需要剔除。

鼠 尾 草

鼠尾草，为多年生草本，属于唇形科鼠尾草属。植株呈灌木状，花序为总状花序，花呈粉红色、紫色、白色或红色，具有香气。花、叶均可食用，全草可入药，还可以提炼植物精油。

长有勾刺的果实

授　粉

花粉

　　授粉是被子植物结成果实必经的过程。花朵中通常有一些黄色的粉，称为"花粉"。花粉由色素、碳水化合物、脂类、氨基酸、酶类、植物激素、维生素和无机盐组成。花粉的无机盐主要包括磷、钾、钙、镁、钠和硫等。花粉还含有铝、铜、铁、锰、锌、硅等微量元素。　植物将花粉传给同类植物的某些花朵的过程，称为"授粉"。

　　根据植物授粉对象不同，授粉可分为自花授粉和异花授粉两类。一株植物的花粉对同一个体的雌蕊进行授粉的现象，称为"自花授粉"。有的植物雄蕊和雌蕊不长在同一朵花里，甚至不长在同一棵植物上，这些花就无法自花授粉了，它们的雌蕊只能得到另一朵花的花粉，称为"异花授粉"。根据植物授粉方式的不同，可分为自然授粉和人工辅助授粉两类。人工辅助授粉的具体方法，在不同作物不完全一样，一般是先从雄蕊上采集花粉，然后撒到雌蕊柱头上，或者将收集的花粉，在低温和干燥的条件下加以贮藏，留待以后再用。自然授粉媒介分为风媒、虫媒、水媒、鸟媒等。

氨 基 酸

氨基酸是构成人体大分子蛋白质的基本物质。人体必需的氨基酸必须由食物供给，包括赖氨酸、色氨酸、苯丙氨酸、蛋氨酸、苏氨酸、异亮氨酸、亮氨酸、缬氨酸。

酶类物质

花粉

酶类物质是指具有生物催化功能的物质。生物体细胞的生命活动离不开酶的调控。淀粉酶和蛋白酶参与人体的消化，使人体摄取的食物能够被肠道吸收，不同的酶分解不同的食物。

维 生 素

维生素是维持人体生命活动的必需有机物质，是保持人体健康的活性物质，主要调节人体的代谢作用。人体对维生素的需要量很小，但长期缺乏会导致人体机能出现障碍。

西 葫 芦

西葫芦

    西葫芦，又名荚瓜、白瓜、番瓜、美洲南瓜，属于葫芦科南瓜属，为一年生草质藤本。按生长形态，西葫芦可分为矮生、半蔓生、蔓生三大品系。西葫芦含有较多维生素C、葡萄糖类物质、钙等营养物质。中医认为西葫芦具有清热利尿、除烦止渴、润肺止咳、消肿散结的功效，可用于辅助治疗水肿腹胀、烦渴、疮毒等症。

    多数品种主蔓优势明显，侧蔓少且弱。矮生品种节间短，蔓长通常在50厘米以下，在日光温室中有时可达1米；半蔓生品种蔓长一般约80厘米；蔓生品种蔓长一般长达数米。单叶，大型，掌状深裂，互生（矮生品种密集互生），叶面粗糙多刺；叶柄长且中空；有的品种叶片绿色深浅不一，近叶脉处有银白色花斑。花单性，雌雄同株；花单生于叶腋处，呈鲜黄或橙黄色；雄花花冠钟形，花萼基部形成花被筒；花粉粒大且重，具黏性，风不能吹走，只能靠昆虫授粉；雌花子房下位，具雄蕊但退化，有一个环状蜜腺；单性结实率低，冬季和早春昆虫少时需人工授粉。雌花和雄花最初均从叶腋的花原基开始分化，按照萼片、花瓣、雄蕊、心皮的顺序从外向内依次出现。但雄花形成花蕾时心皮停止发育，雄蕊发达；雌花则在形成花蕾时雄蕊停止发育，而心皮发达，进而形成雌蕊和子房。种子呈白色或淡黄色，长卵形，种皮光滑。

瓠　果

　　瓠果形状有圆筒形、椭圆形和长圆柱形等。嫩瓜与老熟瓜的皮色有的品种相同，有的不同。嫩瓜皮色呈白色、白绿、金黄、深绿、墨绿或白绿相间；老熟瓜皮色呈白色、乳白色、黄色、橘红或黄绿相间。

心　皮

　　心皮是一种变态的叶，是被子植物特有的器官，是雌蕊的组成部分，子房、花柱和柱头都是由心皮构成的。

蜜　腺

　　蜜腺是指花内的外分泌腺组织，能够分泌蜜汁，位于花瓣、花萼、子房或花柱基部，分为花蜜腺和花外蜜腺，形状包括杯状、浅杯状、喇叭形、圆环形、二裂形、波浪形等。

瓠果

播　种

有硬壳的种子

　　草本植物最主要的繁殖方法就是有性繁殖，即播种繁殖，也就是利用植物的种子播种的繁殖方法。大部分草本植物的种子在适宜的水分、温度和氧气的条件下都能顺利萌发；仅有部分草本植物的种子要求光照感应或打破休眠才能萌发。

　　细粒种子播种不需要盖土，但要注意保持土壤湿度，用细嘴喷壶喷雾状水来保湿，大水流的话易把种子冲走或者冲到土层深处，细小种子不易顶土出芽。大粒种子盖土厚度为种子大小的2～3倍。另外，如矮牵牛属好光性种子，播后可不覆土，而三色堇等嫌光性种子，播后必须覆土并不得露出种子。大多数种子的发芽适温在20℃～25℃。需要注意的是，有的种子必须在低温条件下才能发芽，如大多数香草和在秋冬季播的种子，这类种子的发芽温度不要高于25℃。在春夏播的种子，发芽温度不要低于20℃，如果达不到温度，用保鲜膜提高温度，保鲜膜同时还具有保湿作用。

冷水浸种

冷水浸种是相对于温汤浸种（水温为55℃）、热水烫种（水温为70℃～75℃）而言，是指用室温（水温为25℃～30℃）的水浸种，持续的时间较长，能够促进种子萌发，但是起不到消毒的作用。

育苗基质的配置

育苗基质常用的配方为：用1份泥炭、1份珍珠岩、1份蛭石混合配制；用7份泥炭、3份蛭石混合配制；用2份泥炭、1份珍珠岩、1份蛭石混合配制。

保　鲜　膜

常用的保鲜膜都是以乙烯为原料，具有适度的透氧性和透湿性，分为聚乙烯、聚氯乙烯和聚偏二氯乙烯三类。如果用于食品保鲜，以聚乙烯为宜。

细小的种子

香 豌 豆

　　香豌豆，又名花豌豆，属于豆科香豌豆属，为一年生或二年生草质藤本，原产于地中海地区。香豌豆根据花型可分为平瓣、卷瓣、皱瓣、重瓣四种，按花期可分成夏花、冬花、春花三类。茎和叶可作家畜饲料或绿肥。香豌豆花型独特，枝条细长柔软，即可作冬春切花材料制作花篮、花环，也可盆栽供室内陈设欣赏，春夏还可移植到户外任其攀援作垂直绿化材料，或为地被植物。

香豌豆

香豌豆全株被白色粗毛；茎攀援有翅。羽状复叶互生，叶轴有翅，基部一对小叶正常，卵圆形，叶背微被白粉，而顶部小叶变为三叉状卷须，托叶披针形。总状花序腋生，花梗长15～20厘米，着花2～5朵，高出叶面；花具芳香，呈紫、红、蓝、粉、白等色，并具斑点、斑纹；花冠蝶形，旗瓣宽大，花萼基部联合成钟状，先端5裂，每裂披针形，雄蕊9合1离。荚果椭圆形，被粗毛。种子圆形，呈褐色。

香豌豆喜温暖、凉爽的气候，要求阳光充足，忌酷热，稍耐寒，在长江中下游以南地区能露地过冬。繁殖方法以播种繁殖为主，一般在9月播种。

托　　叶

托叶是细小或膜质的片状物，位于叶柄基部，一般先于叶片长出，具有保护幼叶和芽的作用。托叶的存在分为托叶早落和托叶宿存两类。不同植物的托叶的大小、形状都不同。

羽状复叶

羽状复叶是指排列在叶轴两侧呈羽毛状的小叶，按照小叶数目分为单数羽状复叶和双数羽状复叶两种类型，按照叶轴分枝情况分为一回羽状复叶、二回羽状复叶、三回羽状复叶和多回羽状复叶。

重　　瓣

重瓣是指由于瓣化现象而使植物原来的花瓣数量增加的现象。瓣化的花瓣由雌蕊和雄蕊等变化而来。重瓣花分为可遗传和暂时变化两种类型。榆叶梅、虞美人、牡丹都有重瓣品种。

分生繁殖

　　分生繁殖是植物营养繁殖的方法之一。主要有以下几种：

　　分株。将根际或地下茎上发生的萌蘖切下栽植，使其形成独立植株。

　　分走茎。自叶丛抽出的节间较长的茎（长匍茎），称为"走茎"。节上着生叶、花和不定根，也能产生幼小植株。分离小植株另行栽植即可形成新株。以走茎繁殖的植物有草莓、虎耳草、吊兰等。匍匐茎与走茎相似，但节间稍短，横走地面并在节处生不定根和芽，多见于禾本科的草坪植物。

草莓

　　分根茎。有些多年生植物的地下茎肥大呈粗且长的根状。根茎与地上茎在结构上相似，均具有节、节间、退化鳞叶、顶芽和腋芽。用根茎繁殖时，将其切成段，每段具2～3个芽，节上可形成不定根，并发生侧芽，然后分枝，继而形成新的株丛。

　　分球茎。有的植物地下变态茎短缩

肥厚，呈球状。老球侧芽萌发，基部形成新球，新球旁常生子球。繁殖时可直接用新球茎和子球栽植，也可将较大的新球茎分切成数块（每块均具芽）栽植。唐菖蒲和慈姑等可用此法繁殖。

分块茎。多年生植物有的变态地下茎近于块状。根系自块茎底部发生，块茎顶端通常具几个发芽点，块茎表面也分布一些芽眼，内部着生侧芽，这类植物可将块茎直接栽植或分切成块繁殖。

顶　芽

顶芽是指位于植物茎轴顶端的芽，一般是植物最初形成的芽，是植物最活跃的生长点之一，具有顶端优势，会抑制侧芽的形成。摘除植物顶芽，能够抑制植物的顶端优势。

腋　芽

腋芽是指从植物的叶腋处生出的定芽，是一种侧芽。鳞叶、花叶和蕨类植物的叶一般不生出腋芽。腋芽在主轴上的排列，一般与植物的叶序一致。

鳞　叶

鳞叶是指特化或退化成鳞片状的叶片，包括革质鳞叶、肉质鳞叶和膜质鳞叶三种类型。姜、贝母、橡皮树、菖蒲等植物都具有鳞叶。

野慈姑球茎

扦插繁殖

垂丝海棠

　　扦插繁殖是指取植株营养器官的一部分，插入疏松润湿的土壤或细沙中，利用其再生能力，生根抽枝，成为新植株的繁殖方法。按取用器官的不同，扦插繁殖分为枝插、根插、芽插和叶插。一般草本植物对于插条繁殖的适应性较大，除冬季严寒或夏季干旱地区不能进行露地扦插外，条件适宜时，四季都可以扦插。扦插应在剪取插条后立即进行，尤其是叶插，以免叶子萎蔫，影响生根。用扦插繁殖的植株比播种苗生长快，并能保持原有品种的特性，不宜产生种子的植物，多采用这种繁殖方法。一些能发生不定芽或不定根的植株，可以采取扦插繁殖的方法，如紫罗兰、大岩桐。扦插时，可将插穗的下切口在促进生根的药剂中蘸一下，取出后再插入基质中，有促进生根的效果。含水分较多的插穗，在插穗下蘸一些草木灰，可防止扦插后插穗腐烂。

叶　插

　　叶插是植物扦插的一种方式，是利用植物的叶片或叶柄作为插穗进行繁殖的方法。能够进行叶插的植物的叶脉或叶柄需具有长出不定根和不定芽的特性。虎尾兰、橡皮树、茉莉等植物都可以进行叶插。

枝　插

　　枝插是植物扦插的一种方式，是利用植物的一段枝条作为插穗进行繁殖的方法，按照插穗的种类分为绿枝扦插和硬枝扦插两种，按照插穗的长度分为长梢扦插和芽扦插两种。

根　插

　　根插是植物扦插的一种方式，是利用植物的一段根作为插穗进行繁殖的方法，多用于扦插成活率低、根插成活率高的植物，包括枣、核桃、杜梨、海棠、柿子等植物。

秋海棠

地 锦

　　地锦，又名爬山虎、地锦、飞天蜈蚣、假葡萄藤、捆石龙、枫藤、小虫儿卧草、红丝草、红葛、趴山虎、红葡萄藤，属于葡萄科地锦属，为多年生木质落叶藤本。爬山虎的根、茎可以入药，具有祛风通络、活血解毒的功效，外用治疗跌打损伤、痈疖肿毒。果可酿酒。植株具有减少噪音、吸尘、降温吸湿等作用。在楼房阳台可以盆栽，苗盆紧靠墙壁，枝蔓迅速吸附墙壁。由于爬山虎的茎和叶密集，覆盖在房屋墙面上，不仅可以遮挡强烈的阳光，而且由于叶与墙面之间的空气流动，还可以降低室内温度。它作为屏障，既能吸收环境中的噪音，又能吸附飞扬的尘土。爬山虎的卷须式吸盘还能吸去墙上的水分，有助于使潮湿的房屋变得干燥；而干燥的季节，又可以增

五叶地锦

加湿度。

地锦树皮有皮孔，髓呈白色；枝条粗壮，卷须短，枝上有卷须，卷须尖端有黏性吸盘，遇到物体便吸附在上面，多分枝，顶端有吸盘。叶互生，花枝上的叶宽卵形，长8～18厘米，宽6～16厘米，常3裂，或下部枝上的叶分裂成3片小叶，幼枝上的叶较小，常不分裂。聚伞花序常着生于两叶间的短枝上，长4～8厘米，较叶柄短；花萼全缘；花瓣顶端反折；子房2室，每室有2枚胚珠。果实为浆果，小球形，成熟时呈蓝黑色。花期6月，果期9～10月。

地锦喜阴湿环境，不怕强光辐射，耐寒、耐旱、耐贫瘠、耐修剪。

五叶地锦

五叶地锦，又名五叶爬山虎，为落叶木质藤本，属于葡萄科爬山虎属。叶具5片小叶。分枝具卷须，卷须顶端具吸盘，植物凭借吸盘攀爬支撑物，可以在1～2年内爬满支撑物，是优良的绿化植物。

三叶地锦

三叶地锦，又名三叶爬山虎，为落叶木质藤本，属于葡萄科爬山虎属。叶具3片小叶。分枝具卷须，顶端嫩时卷曲，后扩大成吸盘。植物抗寒能力强，适合生长于我国北方地区。

乌 蔹 莓

乌蔹莓，又名乌蔹草、五叶藤，属于葡萄科乌蔹莓属。茎具纵棱，分枝多，具卷须，卷须具有两个分叉，与叶对生，嫩叶皱缩，展平后具5片小叶，中间小叶较大。

蔓长春花

　　蔓长春花，属于夹竹桃科蔓长春花属，为常绿木质藤本，原产于地中海地区、热带地区，每年6～8月和10月为生长高峰。植株喜温暖、湿润和阳光充足的环境，耐寒，耐水湿。蔓长春花是优良的地被植物，可作为花境植物，适合栽于建筑物基地和斜坡，有利保持水土。蔓茎生长速度快、垂挂效果好，可作为室内观赏植物，配置于楼梯边、栏杆上或盆栽置放在案台上。植株的枝节间可着地生根，适合压条繁殖，能够很快覆盖地面。

　　长春蔓植株丛生，营养茎仰卧或平卧地面，开花时期，植株直立，株高30～40厘米。叶对生，椭圆形，先端急尖，叶绿且有光泽，开花枝上的叶柄短；全株除叶缘、叶柄、花萼及花冠喉部有毛外，其他无毛。花单生于开花枝叶腋内，花冠高脚碟状，呈蓝色，5裂。蓇葖果双生直立。花期4～5月。

压条繁殖

　　压条繁殖是指在母株形成不定根后，将新形成的小植株切离母株的繁殖方法，适用于枝条能够形成不定根的植物，为促进不定根的形成，可以对植株进行环状剥皮。

堆土压条法

　　堆土压条法是指在母株的周围培土，将植株的下半部分埋入土中，等母株生根后，将新生枝条切离母株，分株移栽的繁殖方法。堆土压条法适用于枝条能够形成不定根，但枝条坚硬的植物。

夹竹桃

波状压条

　　波状压条是指将枝蔓弯曲形成波状，将植株着地部分埋入土中，等母株生根后，将生长出地面的萌芽切离母株，分株移栽的繁殖方法，适用于枝蔓特别长的藤本植物。

101

藤本植物的食用价值

有许多我们经常食用的蔬菜都是藤本植物，如豌豆。鲜绿色的豌豆粒搭配其他蔬菜，使菜肴的色彩艳丽，增加了人们的食欲；芸豆，含有较多的蛋白质，既是蔬菜又是粮食；西葫芦含有较多的维生素C、钙等营养物质，是优质蔬菜品种；冬瓜，含有蛋白质、碳水化合物、矿物质等营养物质，经常食用，能够防治癌症；南瓜的嫩果是夏季和秋季的大宗蔬菜；豇豆，在我国古代就已经栽培，嫩荚可以炒食，或晒干，别具一番风味；蛇瓜，是一种具有特殊风味的蔬菜，嫩瓜、嫩叶和嫩茎都可以食用。

还有许多水果也是藤本植物，如西番莲，果实酸甜可口，芳香怡人，果汁含量高，适合加工成果汁；猕猴桃含有猕猴桃碱、微量元素、氨基

冬瓜

酸、维生素等营养物质，而且纤维素和叶酸含量丰富；甜瓜，含有芳香物质、矿物质、糖分等营养物质，是夏季人们喜食的水果。

芳香物质

植物的果实和花朵具有特殊的芳香气味，是因为植物含有芳樟醇、桉叶醇、柠檬醛、丁子香酚等化学成分。果实中的芳香成分多为油状的，能够提取植物精油。

猕猴桃碱

猕猴桃碱存在于猕猴桃科和败酱科植物中，是不常见的单萜生物碱，对于人体具有降血压、降血糖、抗肿瘤、提高免疫能力的作用。

蛇瓜

微量元素

人体所需要的元素有60多种，根据其在人体内的含量，分为大量元素和微量元素两类。铁、锌、铜、锰、铬、硒、钼、钴、氟等，占人体的总重量均在0.01%以下，称为"微量元素"。

猕 猴 桃

猕猴桃

猕猴桃，又名软毛猕猴桃、藤梨、阳桃、猴仔梨、中国醋栗、中国鹅莓、中国猴梨，属于猕猴桃科猕猴桃属，为木质藤本，原产于我国。猕猴桃是一种营养价值极高的水果，除含有猕猴桃碱、蛋白水解酶、单宁果胶和糖类等有机物，以及钙、钾、硒、锌、锗等微量元素和人体所需17种氨基酸外，还含有丰富的维生素、葡萄酸、果糖、柠檬酸、苹果酸、脂肪，被誉为"水果之王"。根、果实可以入药，根具有清热解毒、活血消肿、利尿通淋等功效，果实具有调中理气、生津润燥、解热除烦等功效；茎含黏性大的胶质，可作建筑、造纸原料。叶可作饲料；花可提取香精。

猕猴桃的枝呈褐色，有柔毛，髓白色，层片状。叶近圆形或宽倒卵形，顶端钝圆或微凹，很少有小突尖，基部圆形至心形，边缘有芒状小齿，表面有疏毛，背面密生灰白色星状绒毛。花开时呈乳白色，后变成黄色，单生或数朵生于叶腋处；萼片5枚，有淡棕色柔毛；花瓣5～6枚，有短爪；雄蕊多数，花药呈黄色；花柱丝状，多数。果实为浆果，卵形至长圆形，横径约3厘米，密被黄棕色有分枝的长柔毛。花期5～6月，果熟期8～10月。

安息香猕猴桃

安息香猕猴桃，为落叶藤本，属于猕猴桃科猕猴桃属，叶椭圆形，呈绿色；花序为聚伞花序，密闭绒毛，毛短、呈茶褐色。茎和叶可以入药，具有清热解毒、消肿止痛的功效。

红茎猕猴桃

红茎猕猴桃，为常绿藤本，属于猕猴桃科猕猴桃属，枝呈浅褐色至紫色，叶呈长圆状，叶脉呈紫红色，花瓣呈白色，花药呈黄色；果实为浆果，卵球形，呈褐色，可以食用。

金花猕猴桃

金花猕猴桃，为落叶藤本，属于猕猴桃科猕猴桃属，着花枝在花期被短绒毛，毛稀薄，呈茶褐色；叶阔卵形，叶面呈草绿色，叶背呈粉绿色；花呈金黄色，花药呈黄色；果实为浆果，成熟时呈褐色。

软枣猕猴桃

软枣猕猴桃

　　软枣猕猴桃，属于猕猴桃科猕猴桃属，生长于阔叶林或针阔混交林中。果实可食用，营养价值很高，含大量维生素C、淀粉、果胶质等，可加工成果酱、果汁、果脯、罐头、酿酒，或用于制作糕点、糖果等多种食品。果实也可以药用，具有解热、健胃、止血等功效。

　　软枣猕猴桃的茎长达30米，径粗10～15厘米；皮呈淡灰褐色，片裂；一年生枝呈灰色或淡灰色，有时有灰白色的疏柔毛；小枝螺旋状缠绕，具长圆状浅色皮孔，髓片状，呈白色或浅褐色；老枝光滑。叶互生，叶片稍厚，革质或纸质，卵圆形、椭圆形或长圆形，长5～6厘米，宽3～10厘米，基部圆形或近心形，顶端锐尖或具长尾尖，边缘有锐锯齿，锯齿近线形，表面呈暗绿色，背面色淡；叶柄长3～8厘米，有时具刚毛；叶柄和叶脉干后通常变成黑色。聚伞花序腋生，具花3～6朵，直径1.2～2厘米；萼片5枚，长圆状卵形或椭圆形，少数为倒卵形，长3.5～6毫米，内侧具稠密黄色毛，外侧仅边缘有毛，花后脱落；花瓣5枚，呈白色，倒卵圆形；雄蕊多数，花药呈暗紫色；雄花子房发育不全，雌花常有雄蕊，但花粉枯萎，花柱丝状，多数；子房球形无毛。浆果球形至长圆形，光滑无斑点，两端稍扁平，顶端有钝短尾状喙。花期6～7月，果期8～9月。

聚伞花序

聚伞花序中央或最内部的花先开，两侧的花渐次开放，包括单歧聚伞花序、二歧聚伞花序、蝎尾状聚伞花序等类型。卫矛、萱草等植物的花序为聚伞花序。

叶　脉

叶片上的维管束称为"叶脉"，是茎中维管束的分枝，具有运输营养物质的功能。叶片中央大而明显的叶脉称为"主脉"，由中脉两侧分出的较细的叶脉称为"侧脉"。

子　房

子房是雌蕊的主要组成部分，位于雌蕊下部，略膨大，由子房壁和胚珠组成。受精后，子房能够发育成果实。子房的位置分为子房上位、子房下位、子房中位三种类型。

软枣猕猴桃

蛇 瓜

蛇瓜

　　蛇瓜，又名蛇豆、蛇丝瓜、大豆角等，属于葫芦科栝楼属，为一年生草质藤本，原产于印度、马来西亚。蛇瓜按果体分为短果型、长果型，按皮色分为灰白色系、绿色系、青黑色系。嫩蛇瓜可切片素炒，也可与肉炒或做汤。生吃时皮有特殊臭味，肉无臭味，但煮熟后臭味消失，清香可口，别具风味。蛇瓜以嫩果实为蔬，但嫩叶和嫩茎也可食。嫩瓜含丰富的碳水化合物、维生素、矿物质，具有清热化痰、润肺滑肠等功效。

　　蛇瓜的根系发达，侧根多，易生不定根；茎蔓细长，长可达5～8米，五棱，呈绿色，分枝能力强。叶片呈绿色，掌状深裂，裂口较圆，叶面有细绒毛。花单性，花冠呈白色；雄花多为总状花序，蕾期呈青绿色，将开时呈浅黄绿色，雄花的发生早于雌花；一般雌花于主蔓20～25节处开始着生，以后主蔓、侧蔓均能连续着生雌花。嫩瓜细长，瓜身圆筒形或弯曲，瓜先端及基部渐细瘦，形似蛇，瓜皮呈灰白色，上有多条绿色的条纹，肉呈白色，肉质松软；成熟瓜呈浅红褐色，肉质疏松；种子近长方形，上有两条平行小沟，表面粗糙，呈浅褐色。

栝　楼

栝楼，为多年生攀援草本，属于葫芦科栝楼属，茎长达10米；花冠白色。块根肥大，圆柱形，呈淡褐色，富含淀粉可以食用，也可以入药，是重要的蒙药品种。果实、果皮、种子均可入药。

雌　花

雌花是被子植物单性花的一种，只具有雌蕊，没有雄蕊，具有子房，受精后能够发育成为果实。黄瓜等植物的花在形成时，适当喷低浓度的乙烯利溶液能够促进雌花的分化。

雄　花

雄花是被子植物单性花的一种，只具有雄蕊，没有雌蕊，没有子房，不能发育成为果实，能为雌花的受精提供花粉，花谢后常脱落。

栝楼

藤本植物的药用价值

紫藤

　　很多藤本植物具有药用价值，如紫藤花具有解毒、止吐等功效，种子有小毒，茎皮具有杀虫、止痛、祛风通络等功效；凌霄有行血去瘀、凉血祛风等功效；络石对喉痹肿塞等有一定的治疗作用；白蔹具有清热解毒等功效；爬山虎的根、茎具有破瘀血、消肿毒等功效；葫芦的花、茎、须具有解毒的功效，葫芦瓤、籽有毒，可治牙病，葫芦壳具有消热解毒、润肺利便等功效；猕猴桃的根具有清热解毒、活血消肿、利尿通淋等功效；南蛇藤根皮中的提取物对枯草杆菌、金黄色葡萄球菌、普通变形杆菌、大肠杆菌具有抑制作用；西葫芦具有清热利尿、除烦止渴、润肺止咳、消肿散结的功效；冬瓜具有清肺热化痰、清胃热、除烦止渴、祛湿解暑、消除水肿等功效；五味子具有收敛固涩、益气生津、宁心安神等功效；葛藤具有平肝息风、清解热毒等功效；木通具有利水化湿的功效。

具有药用价值的藤本植物还有金樱子、清风藤、千金藤、何首乌、栝楼、大血藤、蝙蝠葛、木鳖、绞股蓝等。

何首乌

何首乌，又名多花蓼、紫乌藤、夜合，为多年生缠绕藤本，属于蓼科何首乌属，根细长，末端具块根；茎长2～4米，多分枝；花呈白色或淡绿色。块根、茎、叶均可入药，具有乌发、补肾等功效。

绞股蓝

绞股蓝，又名七叶参，为多年生草质藤本，属于葫芦科绞股蓝属，茎纤细，呈灰棕色或暗棕色；复叶具5～7片小叶；花雌雄异株，花序圆锥状。全株均可入药，具有安神、降压的功效。

菝葜

菝葜，为落叶攀援灌木，属于百合科菝葜属，植物高1～3米，具块根；茎有刺，具卷须；叶卵圆形、呈淡绿色；花序为伞形花序，球形，花呈黄绿色；果实为浆果，成熟时呈红色。叶可入药，具有祛风湿的功效。

何首乌

五 味 子

五味子，又名山花椒、秤砣子、药五味子、面藤、五梅子等，属于木兰科五味子属，落叶木质藤本。在古籍《神农本草经》中就有关于五味子的记载。中医认为，五味子具有收敛固涩、益气生津、宁心安神等功效，可以用于治疗咳嗽虚喘、梦遗滑精、尿频遗尿、久泻不止、自汗盗汗、津伤口渴、心悸失眠等症。经常食用五味子，对于肝脏有保护作用，可以辅助治疗神经衰弱。

五味子幼枝呈红褐色，老枝呈灰褐色，稍有棱角；叶柄长

2～4.5厘米。叶互生，膜质，倒卵形或卵状椭圆形，长5～10厘米，宽3～5厘米，先端急尖或渐失，基部楔形，边缘有腺状细齿，上面光滑无毛，下面叶脉上幼时有短柔毛。花多为单性，雌雄异株，少数雌雄同株，单生或丛生叶腋，呈乳白色或粉红色，花被6～7片；雄蕊通常5枚，花药聚生于圆柱状花托的顶端，药室外侧向开裂；雌蕊群椭圆形，离生心皮17～40枚，花后花托渐伸长为穗状；长3～10厘

米。小浆果球形，成熟时呈红色。种子1～2粒，肾形，呈淡褐色，有光泽。花期5～6月，果期8～9月。

五味子茶

取阴干的五味子果实15克，用水冲洗干净，用开水略烫，将水倒掉，取冰糖30克，加入适量的开水冲泡，放置3～5分钟后即可饮用。五味子茶具有养心、安神、补肾、安眠的功效。

五味子酒

取阴干的五味子果实50克，用水冲洗干净，晾干后装入容器内，加入白酒500毫升，将容器口密封，每日摇容器一次，浸泡15天后即可饮用。五味子酒具有安神、养心的功效。

五味子蜜饯

取五味子鲜果500克，用水冲洗干净，去核，放入锅中，加入白糖500克，熬煮，在熬煮过程中要不停地搅拌，熬煮2小时后，取出，晾凉即可食用。蜜饯表面有少许糖液，酸甜爽口，果味浓郁。

藤本植物的观赏价值

紫藤

　　藤本植物指茎细长不能直立，须攀附支撑物向上生长的植物。用藤本植物进行垂直绿化，可以充分利用立地和空间，占地少，见效快，对美化人口多、空地少的城市环境有重要意义。配置攀援植物于墙壁、格架、篱垣、棚架、柱、门、绳、竿、枯树、山石之上，还可收到一般绿化所达不到的观赏效果。藤本植物在园林上主要作垂直绿化，其绿化方式有棚架、凉廊、篱垣、附壁、边坡、支柱和植物塑形等，少数应用于地被绿化或作桩景观赏，并以其独特的绿化风格和绿化效果在园林植物中独树一帜。在实际应用中，应根据植物的攀援习性、攀援能力及所绿化的场所不同，合理选择藤本植物。

　　攀援植物是园林植物中较为特殊的一个类型。由于茎较软，它们自身不能直立生长，需要依附其他物体向上攀援。这个特性使园林绿化能够从平面向立体空间延伸，增加了城市绿化的组成部分。攀援植物具有很高的生态学价值及观赏价值，可用于降温、减噪，观叶、观花、观果等。而且攀援植物没有固定的株形，具有很强的空间可塑性，可以营造不同的景观效果，现在已被广泛用于建筑、墙面、棚架、绿廊、凉亭、篱垣、阳台、屋顶等处。

金 樱 子

金樱子，又名刺榆子、山石榴、藤勾子、糖刺果、灯笼果，为常绿蔓生藤本，属于蔷薇科蔷薇属，茎具钩状皮刺，叶柄和叶轴具小皮刺或细刺，花呈白色。根、叶、果实均可入药。

金樱子

清 风 藤

清风藤，又名寻风藤，为落叶木质藤本，属于清风藤科清风藤属，嫩枝呈绿色，老枝呈紫褐色，叶面呈深绿色，叶被深绿色带白色；花单生，先于叶开放，呈淡黄色。根、茎、叶均可入药，具有通风通络的功效。

爬 藤 榕

爬藤榕，为匍匐灌木，属于桑科榕属，茎藤状；叶披针形，叶背白色至浅灰褐色，叶面上的网脉明显；果实成对腋生，球形，未成熟时被柔毛。

115

猪笼草

　　猪笼草，又名有水罐植物、猴水瓶、猪仔笼、忘忧草，属于猪笼草科猪笼草属，是著名的热带食虫植物，原产地主要为亚洲热带地区。猪笼草拥有一个独特的吸取营养的器官——捕虫笼，捕虫笼呈圆筒形，下半部稍膨大，笼口上具有盖子，形状像猪笼，因此得名。

　　猪笼草常常平卧生长，茎株一般不超过1米，但是不同的品种也有超过3米的。叶互生，长椭圆形，长10～25厘米，宽4～8厘米，构造复杂，分为叶柄、叶身和卷须，叶片的顶端连接着向下弯曲的卷须，卷须尾部扩大并反卷形成瓶状，即为捕虫囊。花为单性，雌雄异株，总状花序，花呈红色或紫红色，有萼片而无花瓣；雄花有4枚萼片，呈椭圆形或长圆形，长5～7厘米，雄蕊的花丝合生成管状，花药集生成圆球形；雌花的萼片较小，雌蕊椭圆形，呈黑色，密生浓毛。果实成熟时，开裂为4个果瓣，呈深褐色，长1.5～3厘米，里面有很多丝状的种子。

常见同属种类有瓶状猪笼草、绯红猪笼草、库氏猪笼草、中间猪笼草、劳氏猪笼草、奇异猪笼草、拉弗尔斯、大猪笼草、血红猪笼草、狭叶猪笼草、华丽猪笼草、长柔猪笼草。

捕虫囊的外形

食虫植物

猪笼草的捕虫囊长12～16厘米，宽2～4厘米，笼色以绿色为主，有褐色或红色的斑点和条纹，顶端有囊盖；囊盖卵圆形或椭圆状卵形，长2.5～3.5厘米。捕虫囊小的时候，囊盖是密封的，成长后囊盖才打开，只有一处与囊口相接，而且打开后不再随意闭合。

捕虫囊的内部

猪笼草的捕虫囊内有蜜腺能分泌蜜汁引诱昆虫，昆虫进入捕虫囊后，囊口内侧囊壁很光滑，能防止昆虫爬出。囊中经常有半囊水。囊下半部的内侧囊壁稍厚，并有很多消化腺，消化液呈酸性，具有消化昆虫的能力。

食虫植物

食虫植物是指能捕获并消化动物而获得营养（非能量）的自养型植物，它们的大部分猎物是小型昆虫和节肢动物。这些植物能够产生黏液和消化酶，具有捕虫器。捕虫器分为主动捕虫和被动捕虫两类。

117

藤本植物的生态价值

常绿油麻藤

　　随着我国城市化进程的加剧，城市土地资源越来越紧张，绿化用地面积所占比例越来越少，而采用藤本植物，特别是木质藤本植物进行垂直绿化，有利于节约城市土地资源，增加城市绿量，丰富绿化层次，改善城市生态环境。

　　藤本植物与其他植物一样具有调节环境温度、湿度，杀菌，抗污染，平衡空气中氧气与二氧化碳等多种生态功能。其习性特殊，能在一般直立生长植物无法存在的场所出现，因而具有独到的生态效应。以降低气温为目的，应在屋顶、墙面园林绿化中选栽叶片密度大、日晒不易萎蔫、隔热性好的攀援植物，如爬山虎、常绿油麻藤等；欲在绿化中增加滞尘和隔音功能，应选择叶片大、表面粗糙或藤蔓纠结、叶片较小的种类；在空气污染较重的区域则应栽种能抗污染和能吸收一定量有毒气体的种类，降低空气中的有毒成分，改善空气质量。

多数藤本植物生物量大，枝叶丰厚，地面覆盖率较好，可减少雨水冲击和水土流失。我国近几年在边坡水土保持工程中大量应用藤本植物，如爬山虎、葛藤等。

空气污染

空气污染是指空气中含有一种或多种污染物的环境污染状况，污染物的数量和性质影响动物和植物的生长、发育，或严重影响了人类的生活，导致动物和植物死亡。

噪音污染

噪音污染是指由声音导致物体震动，声波严重影响人类生活的环境污染状况，分为自然噪声和人为噪声两类。在城市中，人为噪声较为常见。

光 污 染

光污染是指光对人类的视觉神经和身体健康产生不良影响的环境污染状况，分为白亮污染、人工白昼和彩光污染。城市中建筑物的玻璃幕墙导致的光污染状况越来越严重。

藤本植物

葛　藤

葛藤

　　葛藤，又名葛花藤、野葛，为多年生木质藤本，属于豆科葛属，广泛分布于山涧、树林丛中，寄生缠绕茎。茎、根可入药，具有解热镇痛、平肝息风、清解热毒等功效，可以用于治疗高血压、醒酒、糖尿病等症，在《神农本草经》《伤寒论》中都有葛藤的记载。根的淀粉含量较高，可达40%，提取后可供食用。茎蔓可作编织材料，韧皮部的纤维精制后可制绳或供纺织。葛藤还是很好的饲料。

　　葛藤的块根肥厚，富含淀粉，全株有黄色长硬毛；茎长10余米，常铺于地面或缠于他物向上生长。小叶3片，顶生小叶菱状宽卵形，长6~20厘米，宽7~20厘米，先端渐尖，基部圆形，有时浅裂；两侧的两片小叶宽卵形，基部斜形，各小叶下面有粉霜，两面被白色状贴长硬毛；托叶盾形，小托叶针状。

总状花序腋生，长20厘米，花呈蓝紫色或紫色；花萼钟状，萼齿5枚，披针形；花冠蝶形，长约1.5厘米。荚果条形，扁平，长9厘米，宽9～10毫米。种子长椭圆形，呈红褐色。

葛　根

　　葛根是指葛藤的肉质根，富含淀粉，还含有黄酮类抗氧化物质，具有较高的食用价值。

黄 山 药

　　黄山药，为多年生缠绕草质藤本，属于薯蓣科薯蓣属，根状茎圆柱状；茎左旋；单叶互生；花雌雄异株，花序穗状；果实为蒴果，成熟后反曲下垂，具果翅；种子具膜状翅。

防　己

　　防己，为多年生落叶缠绕藤本，属于防己科防己属，根圆柱形；茎纤细；叶互生，叶面呈绿色，叶背面呈灰绿色至粉白色；花雌雄同株。根、茎、叶均可入药，具有祛湿、止痛、利水、消肿的功效。

穿龙薯蓣

121